Ben Stacy Jerrik (Hrsg.)

Berliner Verbindungsbahn

Ben Stacy Jerrik (Hrsg.)

Berliner Verbindungsbahn

Kopfbahnhof, Berliner Ringbahn, Königlich-Westfälische Eisenbahn-Gesellschaft

Part Press

Imprint

Publisher:
Part Press is a trademark of
International Book Market Service Ltd., 17 Rue Meldrum, Beau Bassin, 1713-01 Mauritius
Email: info@bookmarketservice.com
Website: www.bookmarketservice.com

Published in 2011

Printed in: U.S.A., U.K., Germany. This book was not produced in Mauritius.

ISBN: 978-613-8-73870-1

Contents

Articles

References

Berliner_Verbindungsbahn

Die **Berliner Verbindungsbahn** war eine ca. 9 km lange normalspurige und eingleisige Eisenbahnstrecke zur Verbindung der alten Berliner Kopfbahnhöfe. Sie war der Vorläufer der späteren Berliner Ringbahn.

Plan der Verbindungsbahn um 1864

Entstehung

Schon Mitte der 1840er Jahre gab es Bestrebungen, eine Verbindungsbahn zwischen den gerade fertiggestellten Kopfbahnhöfen der Stettiner Bahn, Hamburger Bahn, Potsdamer Bahn, Anhalter Bahn und der Frankfurter Bahn (später Schlesischer Bahnhof, heute Ostbahnhof) zu bauen. Grund hierfür waren die unzulänglichen Verkehrsverbindungen zwischen diesen für Personen mit Reisegepäck und auch für Güter. Als das preußische Militär 1850 anlässlich einer Mobilmachung zwecks Durchsetzung der politischen Dominanz in Deutschland nach der Märzrevolution 1848/49 gegen Österreich ebenfalls unter den unzureichenden Verhältnissen litt, und zudem bekannt war, dass eine Bahnverbindung höhere Verkehrsleistungen erbringen konnte als Pferdedroschken und Fuhrwerke, befahl König Friedrich Wilhelm IV. den schnellen Bau einer Verbindungsbahn auf Staatskosten. Nach der Anfang 1850 begonnenen Ostbahn und dem Streckenbau der staatlichen Königlich-Westfälischen Eisenbahn-Gesellschaft war dies die dritte in staatlicher Eigenregie gebaute Bahn Preußens.

Der Hamburger Bahnhof um 1850. Im Vordergrund die Verbindungsbahn.

Bau und Verlauf

Mit dem Bau der Verbindungsbahn wurde im Dezember 1850 am Hamburger Bahnhof begonnen. Die eingleisige Strecke verlief auf öffentlichem Straßenland zunächst nach Osten durch die Invalidenstraße. Nach der Überquerung des Berlin-Spandauer Schifffahrtskanals auf der als Drehbrücke konstruierten Sandkrugbrücke führte sie bis zum Stettiner Bahnhof. Der Anschluss des Gleises erfolgte an den beiden Bahnhöfen mit Drehscheiben. Auch die Lokomotivfabrik Borsig, damals noch in der Invalidenstraße ansässig, nutzte das Gleis als Industrieanschluss.

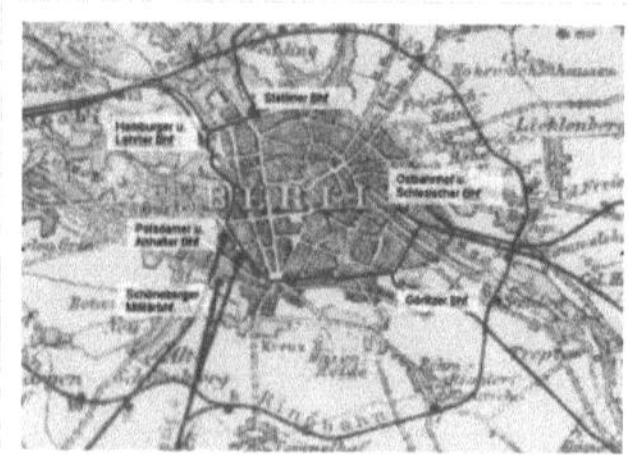

Lage der Verbindungsbahn und der Kopfbahnhöfe innerhalb der später gebauten Ringbahnlinie

Die Strecke vom Hamburger Bahnhof Richtung Potsdamer Bahnhof überquerte auf einer hölzernen Pfahlbrücke mit Drehteil die Spree in der Nähe der heutigen Moltkebrücke und erreichte den späteren Königsplatz (heute Platz der Republik), dann den Platz vor dem Brandenburger Tor, um schließlich, nach der Durchfahrung der Akzisemauer, auf der heutigen Ebertstraße und der Stresemannstraße das Potsdamer Tor (heute Potsdamer Platz) zu erreichen. Mit einer Rechtsweiche wurde eine Abzweigung durch die Akzisemauer zum Potsdamer Bahnhof gelegt, der dadurch seine Anbindung erhielt, ebenso wie der Anhalter Bahnhof am Askanischen Platz.

Links von dem hier im Bau befindlichen Viadukt der Hochbahn am Wassertorplatz (heutige U-Bahn-Linie 1) liegt das Gleis der Verbindungsbahn mit der Drehbrücke im Hintergrund

Am Anhalter Bahnhof endete das militärische Interesse des preußischen Staates an der Verbindungsbahn. Der Weiterbau der Strecke erfolgte nun unter ziviler Planung mit wirtschaftlichen Interessen. Zunächst ging es am heutigen Halleschen Ufer entlang zum Halleschen Tor, über die Gitschiner Straße zum Wassertorplatz, wo der Luisenstädtische Kanal mit einer Drehbrücke überquert wurde. Dann entlang der heutigen Skalitzer Straße über das Kottbusser Tor zum Lausitzer Platz, wo 1868, als der Görlitzer Bahnhof fertiggestellt war, ein Abzweig durch die heutige Wiener Straße zum Bahngelände führte. Vom Lausitzer Platz aus verlief die Strecke nach Nordosten durch die noch heute so genannte Eisenbahnstraße zur Spree, die ebenfalls mit einer Drehbrücke (spätere Brommybrücke, 1945 zerstört) überquert wurde. Kurz vor der Spreebrücke befand sich seit 1802 das Berliner Proviantamt mit der Heeresbäckerei. Der heute noch erhaltene markante gelb verklinkerte Gebäudekomplex stammt aus den Jahren um 1890.

Nordöstlich der Mühlenstraße erfolgte schließlich die Einmündung in die Anlagen der Schlesischen (früher Frankfurter) Bahn in einer langen Rechtskurve in östlicher Richtung, südlich eines Ringlokschuppens.

Die Eröffnung des Betriebes von Stettiner bis zum Anhalter Bahnhof fand am 15. September 1851 statt. Ab 15. Oktober des gleichen Jahres befuhr man schließlich die gesamte Strecke bis zum Schlesischen Bahnhof. Mit der Zeit kamen noch Industrieanschlüsse für an der Strecke liegende Betriebe, wie die Gasanstalten an der Gitschiner Straße Ecke Prinzenstraße, hinzu.

Betrieb und Ersatz durch die Ringbahn

Die Betriebsführung der Verbindungsbahn wurde der Niederschlesisch-Märkische Eisenbahn übertragen. Von Anfang an verkehrten auf der Strecke mit Dampflokomotiven bespannte Züge. Die ersten 14 Loks wurden von der Lokomotivfabrik Norris aus Philadelphia / USA geliefert. Es waren holzbefeuerte 2A-Maschinen, die bereits 1843 gebaut wurden. Der Bestand dieser eher kleinen Loks wurden bald durch C-gekuppelte Güterzugloks mit den Betriebsnummern 234 bis 239, 1867 von Louis Schwarzkopff nach englischem Vorbild gebaut, und der Nummer 191, 1865 von Borsig geliefert, ergänzt. Seit Anfang des 20. Jahrhunderts verkehrten auf der Verbindungsbahn auch Tenderlokomotiven der Achsfolge 1'C (Stadtbahnlokomotiven).

Der gesamte Betrieb war äußerst schwerfällig. Bedingt durch die engen Kurvenradien an den Bahnhöfen blieben öfter schwere Züge, manchmal mit mehr als 50 Achsen, mitten auf den Hauptverkehrsstraßen an den Bahnhofsvorplätzen stecken. Jedes Mal nach Anfahrt eines der Kopfbahnhöfe musste außerdem die Fahrtrichtung gewechselt werden und Bewohner entlang der Trasse beschwerten sich zunehmend über Rauch, Lärm und „rußigen Schmutz". Schließlich wurde am 15. November 1864 der Verkehr in die Nachtstunden verlegt, um den schon damals recht dichten Straßenverkehr nicht noch mehr zu behindern.

C-gekuppelte Tenderlok T 3

Aufgrund von Bewohnerprotesten wegen der nächtlichen Ruhestörungen (die Lokomotivglocken mussten die ganze Zeit während der Fahrt auf den Straßen geläutet werden) begannen 1865 Überlegungen, die Verbindungsbahn durch eine weiter außerhalb, über noch vorwiegend unbebautes Gebiet, geführte Strecke zu ersetzen. Die neue Strecke sollte unabhängig vom Straßenverkehr geführt werden. Deshalb sollte sie entweder in Damm- oder in Einschnittslage trassiert werden. Es sollte auch keine niveaugleichen Kreuzungen mit dem Straßenverkehr mehr geben. Deshalb waren an allen Kreuzungspunkten entweder Straßen- oder Eisenbahnbrücken notwendig.

Nach dem Krieg zwischen Preußen und Österreich wurden 1866 die Mittel zum Bau der neuen Verbindungsbahn bewilligt. Am 17. Juli 1871 wurde der erste östliche Abschnitt der *Berliner Ringbahn* von Moabit über Gesundbrunnen, Central-Viehhof, Stralau-Rummelsburg, Rixdorf (heute *Neukölln*) und Schöneberg zum Potsdamer Bahnhof eröffnet. Der zweite westliche Abschnitt der Ringbahn ging am 15. November 1877 in Betrieb.

Am 16. Juli 1871 endete der Verkehr auf der alten Verbindungsbahn. Nur das Stück vom Görlitzer Bahnhof zu den Gasanstalten am heutigen Kreuzberger Prinzenbad blieb für Kohlelieferungen bis 1927 in Betrieb. Jährlich wurden 150.000 Tonnen Steinkohle in der Zeit von Mitternacht bis 7 Uhr morgens transportiert. Auf dem Gleis von den Gasanstalten über Görlitzer Bahnhof, Eisenbahnstraße bis zur Ecke Köpenicker Straße verkehrte zeitweise eine Pferdebahn, die später durch die elektrische Straßenbahnlinie 1, (später auch die Hochbahn), ersetzt wurde.

Literatur

- Berlin und seine Eisenbahnen 1846 – 1896, Julius Springer, Berlin 1896
- Kurt Pierson, *Dampfzüge auf Berlins Stadt- und Ringbahn*, Rösler+Zimmer Verlag, Augsburg 1971
- Helmut Zschocke, Die erste Berliner Ringbahn - Über die Königliche Bahnhofs-Verbindungsbahn zu Berlin, VBN Verlag B. Neddermeyer, Berlin 2009. ISBN 978-3-941712-03-4

Kopfbahnhof

Ein **Kopfbahnhof** – umgangssprachlich auch *Sackbahnhof* genannt – ist ein Bahnhof, in den alle Züge nur in und aus einer Richtung aus- und einfahren können, weil die Gleise im Bahnhof enden.

Ein wegen der topografischen Verhältnisse einer Gebirgsbahn angelegter Kopfbahnhof, der gleichzeitig von der Streckenführung her die Aufgabe einer Spitzkehre übernimmt, wird auch *Spitzkehrenbahnhof* genannt.

Bei Kopfbahnhöfen ist das Empfangsgebäude meist quer zu den Prellböcken angelegt oder aber die Gleise werden von diesem U-förmig eingehaust. War hingegen eine Verlängerung geplant oder wurde ein Bahnhof erst in Folge einer Strecken-Stilllegung zu einem Kopfbahnhof, so steht es in der Regel – wie beim Durchgangsbahnhof – parallel zu den Gleisen.

Die Fernbahnebene des Kopfbahnhofs Frankfurt (Main) Hauptbahnhof ist nur von Westen her zu erreichen.

Geschichte

Die meisten Kopfbahnhöfe entstanden in der zweiten Hälfte des 19. Jahrhunderts am damaligen Stadtrand größerer Städte als Endpunkte von Eisenbahnstrecken. Diese Bauform ermöglichte es, Bahnhöfe relativ nah an das Stadtzentrum heranzuführen und die Bedeutung der Stadt als Verkehrsziel hervorzuheben. Im 20. Jahrhundert kamen viele Kopfbahnhöfe als Endpunkte von Stichstrecken hinzu, meist Nebenbahnen. Zahlreiche Kopfbahnhöfe findet man auch am Ufer eines Meeres oder größeren Sees, oft in Form eines Hafenbahnhofs mit direkter

Übergangsmöglichkeit zur Schifffahrt.

Da bis zur Mitte des 20. Jahrhunderts aufgrund der mitgeführten begrenzten Brennstoffvorräte und Betriebszeiten von Dampflokomotiven diese sowieso öfter gewechselt werden mussten, fielen die betrieblichen Nachteile eines Kopfbahnhofs zunächst nicht ins Gewicht. Hinzu kam, dass die Bahnstrecken, die in einem Kopfbahnhof endeten, oft von verschiedenen Eisenbahngesellschaften betrieben wurden, was ebenfalls den Wechsel der Zugmaschine erforderlich machte. Ein Kopfbahnhof galt im 19. Jahrhundert als die – für Reisende – angenehmste Form des Bahnhofs, sofern die Bahngesellschaften nicht verschiedene Kopfbahnhöfe an unterschiedlichen Stellen der Stadt betrieben, wie heute beispielsweise noch in Paris und Budapest.

Nach der Anlage eines Kopfbahnhofs war es später dann oft nicht mehr möglich, diese durch Aufbrechen der Bahnhöfe an der Stirnseite zu Durchgangsbahnhöfen umzugestalten. Beispiele sind die zahlreichen, teilweise immer noch nicht verbundenen Kopfbahnhöfe in Paris, Wien, London oder Moskau. In Berlin wurde dieses Problem 1882 mit der Berliner Stadtbahn teilweise überwunden, die als Hochbahn über ein System von Viadukten den Fern- und S-Bahn-Verkehr mitten durch die Metropole leitet.

Häufig sind Mischformen anzutreffen, wie beispielsweise der Hauptbahnhof Dresden. Er besitzt neben neun Durchgangsgleisen auch sieben Stumpfgleise in Mittellage. Ursächlich hierfür: nördlich von Dresden ist der Zugverkehr deutlich dichter als südlich der Stadt. Viele Durchgangsbahnhöfe besitzen zusätzliche Stumpfgleise an der Stirnseite des Empfangsgebäudes, manchmal auch Flügelbahnhof genannt. Meist verfügen diese über etwas kürzere Bahnsteige und dienen dem Regionalverkehr.

Mit der Einführung von elektrischer Traktion und Diesellokomotiven erwiesen sich Kopfbahnhöfe zunehmend als ungünstig, da ein Zug die Lokomotive nicht mehr so oft wechseln musste. Um die Nachteile des Kopfbahnhofs zu minimieren, wurden die Kopfbahnhöfe von Frankfurt am Main, Stuttgart, Hamburg-Altona und München im Rahmen des S-Bahn-Baus in den 1970er-Jahren durch Untertunnelung ausschließlich für den S-Bahn-Betrieb zu Durchgangsbahnhöfen erweitert. In Leipzig wird bis 2011 ebenfalls ein S-Bahn-Tunnel mit unterirdischer Station gebaut, der zudem von Regional- und Fernverkehrszügen befahren werden kann. Der Kopfbahnhof Zürich Hauptbahnhof wurde anlässlich des S-Bahn-Baus 1991 durch einen vier Gleise umfassenden Tiefbahnhof erweitert, ein zusätzlicher Durchgangsbahnhof[1] für den Fernverkehr ist momentan im Bau (Fertigstellung circa 2013). Das Projekt Stuttgart 21 sieht vor, den Stuttgarter Hauptbahnhof bis zum Jahr 2019 zum Durchgangsbahnhof im Zusammenhang mit der Neu- und Ausbaustrecke Stuttgart–Augsburg umzubauen.

In den letzten Jahrzehnten sind mit der weitgehenden Umstellung des Fahrzeugparks auf Wendezüge und Triebwagenzüge die betrieblichen Nachteile reduziert worden. Beim Richtungswechsel bleiben die Zugkompositionen gekuppelt, da sowohl Lok als auch Steuerwagen an der Zugspitze fahren können. Der Zeitbedarf für den Richtungswechsel kann auf die ohnehin benötigte Haltezeit für den Fahrgastwechsel gesenkt werden, und die personalintensiven Kuppelmanöver sind heutzutage nicht nur in Kopfbahnhöfen selten geworden.

Vergleich mit Durchgangsbahnhof

Vorteile

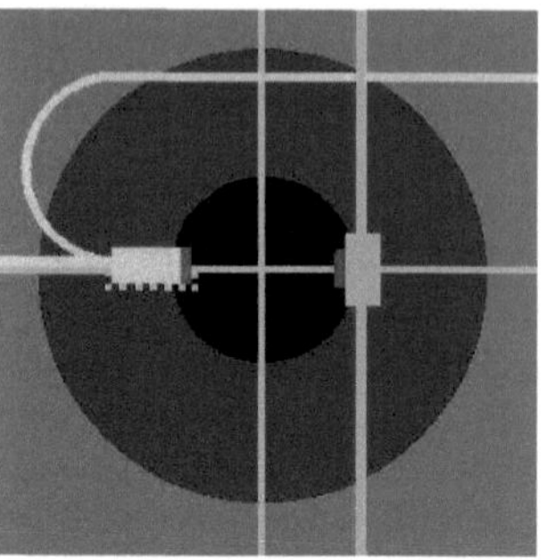

Schematische Darstellung der Lage eines Kopfbahnhofs und eines Durchgangsbahnhofs zu einem Ortskern.
rot: Bahnhofgebäude
gelb: Gleisanlagen Kopfbahnhof
hellblau: Gleisanlagen Durchgangsbahnhof
hellgrau: Hauptverkehrsachsen

Kopfbahnhöfe können bei Neuanlagen bauformbedingt in der Regel einfacher an ein vorhandenes Stadtzentrum herangeführt werden und ermöglichen die Ausrichtung der Gleisachsenenden zum Zentrum. Bei einem Durchgangsbahnhof müsste bei gleicher Ausrichtung eine Schneise oder ein Tunnel durch den Stadtkern geschlagen werden. In der Praxis sind jedoch sowohl Durchgangs- als auch Kopfbahnhöfe meist vor langer Zeit neben den damaligen Ortskern gebaut worden und inzwischen ins Zentrum gewachsen. Das Umsteigen ist über den Querbahnsteig an den Gleisenden ohne Überwindung von Höhenunterschieden barrierefrei möglich.

Im Stadtraum wird nur auf einer Seite des Bahnhofs der Platz für die Zufahrtsgleise benötigt, allerdings dann meist mit einem umfangreicheren Gleisvorfeld als bei einem vergleichbaren Durchgangsbahnhof. Auch die Trennung des Stadtraums, die durch die Gleisanlage verursacht wird, wirkt sich eher auf den innerstädtischen Querverkehr nicht aber auf den Verkehr ins Zentrum aus, denn es werden in der Regel weniger Ausfallachsen zerschnitten.

Nachteile

Der Prager Kopfbahnhof Masaryk.
Im Vordergrund die 2007 noch in Bau befindliche Nové spojení, über die der Bahnhof umfahren werden kann

Aus betrieblicher Sicht weisen Kopfbahnhöfe gegenüber Durchgangsbahnhöfen Nachteile auf. Wenn der erforderliche Fahrtrichtungswechsel bei durchgehenden Zügen mehr Zeit kostet als das Aus- und Einsteigen der Reisenden, verringert dies die durchschnittliche Reisegeschwindigkeit.

Hinzu kommt, dass ein Kopfbahnhof für die gleiche Zahl der Zugbewegungen mehr Gleise und damit eine größere Grundfläche benötigt als ein Durchgangsbahnhof gleicher Kapazität. Ein einfahrender Zug muss seine Geschwindigkeit in Bahnhofsnähe herabsetzen und kann nur langsam einfahren um die Gefahr, auf den Prellbock aufzufahren, zu minimieren.

Ein weiterer Nachteil sind die im Vergleich zu anderen Bahnhofstypen langen Wege beim Umsteigen von einem Bahnsteig zum anderen, wenn (wie beispielsweise im Münchner Hauptbahnhof oder im Bahnhof Hamburg-Altona) die Bahnsteige nur über den Querbahnsteig verbunden sind (bei einigen Kopfbahnhöfen wie Stuttgart oder Frankfurt verkürzen Tunnel unter oder Brücken über den Gleisen die Wege).

Ein weiterer Nachteil ist städtebaulicher Natur: Die notwendigen umfangreichen und stadtumfassenden Gleisanlagen stehen einem städtischen Wachstum mit der Zeit im Wege.[2]

Gewichtung

1895: Eisenbahnunfall am Gare Montparnasse

Nach Einführung von Steuerwagen und Triebzügen im Nah- und Fernverkehr dauert die Wendezeit eines Zuges theoretisch nur noch so lange, wie der Lokführer zum Wechseln der Führerstände benötigt. Bei rege frequentierten Bahnhöfen – und das sind die meisten Kopfbahnhöfe – dauert der Fahrgastwechsel länger als diese Zeit, die der Lokführer bis zur erneuten Betriebsbereitschaft benötigt. Meistens übernimmt in Kopfbahnhöfen ein anderer Lokführer den Zug, der bei dessen Einfahrt schon an der „richtigen" Stelle steht. Im Schweizer SBB-Netz verkehren Personenzüge fast nur noch als Triebzüge oder mit Steuerwagen. Damit sind die Nachteile des Fahrtrichtungswechsels heute nicht mehr so erheblich.

Betriebliche Funktion

Bahnsteighalle im Kopfbahnhof Luzern (Meterspurseite)

Vor dem Ausfahren aus einem Kopfbahnhof muss „Kopf gemacht", das heißt der Zug gewendet werden. Bei einem herkömmlichen Zug ohne Steuerwagen sind dafür Kuppelmanöver nötig.

Meist wird die Lokomotive, die den Zug in den Bahnhof gezogen hat, ab- und am anderen Ende des Zuges eine neue Lokomotive angekuppelt. Nach der Abfahrt des Zuges fährt die erste Lokomotive allein aus der Bahnhofshalle ins Bahnbetriebswerk oder wird vor einen anderen Zug gespannt. Bei schweren Zügen wurde auch die Möglichkeit genutzt, mit der bisherigen Zuglok bei der Ausfahrt den Zug zusätzlich anzuschieben.

Alternativ kann die Lokomotive abgekuppelt werden, den Zug umfahren und am anderen Ende des Zuges angekuppelt werden. Dazu muss am Gleisende eine entsprechende Weiche eingebaut und ein freies Rangiergleis neben dem Bahnsteiggleis (Lokverkehrsgleis) vorhanden sein (z.B. in Chemnitz Hauptbahnhof zwischen den Gleisen 2 und 3). In der Frühzeit der Eisenbahn gab es dafür Drehscheiben am Gleisende des Kopfbahnhofs, mit denen die Lok zugleich gewendet werden konnte. Oder der Zug muss von einer Rangierlokomotive ins Vorfeld gezogen werden, sodass die Lokomotive auf ein anderes Gleis wechseln, die Rangierlok den Zug wieder an den Bahnsteig fahren, abkuppeln und sich entfernen kann, sodass die Zuglok nach erneutem Gleiswechsel auf der anderen Seite des Zuges ankuppeln kann. Alle diese Rangiermanöver erfordern einen hohen Personal- und Zeitaufwand.

Neben Personenbahnhöfen können auch andere Bahnhofsarten in Kopfform angelegt sein. Dies trifft zum Beispiel für manche Rangierbahnhöfe (besonders in Italien), Güterbahnhöfe, Abstellbahnhöfe oder Werks- beziehungsweise Hafenbahnhöfe zu.

Besondere Kopfbahnhöfe

Deutschland

Die größten Kopfbahnhöfe Deutschlands befinden sich in Leipzig, Frankfurt am Main, München und Stuttgart. Jedoch existieren an diesen Bahnhöfen, mit Ausnahme von Leipzig, durchgehende S-Bahn-Gleise. Der Stuttgarter Hauptbahnhof soll durch einen Durchgangsbahnhof ersetzt werden (siehe Stuttgart 21). Diesbezügliche Projekte in Frankfurt und München wurden fallengelassen. Der älteste erhaltene deutsche Kopfbahnhof ist der Bayerische Bahnhof in Leipzig, der 1842 in Betrieb genommen wurde. Seit 2001 bis voraussichtlich 2013 ist er allerdings wegen der Bauarbeiten am Leipziger City-Tunnel außer Betrieb und soll danach als Durchgangsbahnhof wiedereröffnet werden.

Schweiz

Der größte Kopfbahnhof in der Schweiz ist der Zürcher Hauptbahnhof. Wie in den großen deutschen Kopfbahnhöfen existiert auch hier eine durchgängige unterirdische Strecke. Eine zweite "Durchmesserlinie" ist aktuell im Bau. Andere bedeutende Kopfbahnhöfe sind jene in Luzern und jener am Flughafen Genf (nur unechter Kopfbahnhof, da wie einem Durchgangsbahnhof angelegt). Vom Verkehrsaufkommen her weniger bedeutend sind die Bahnhöfe Locarno und Einsiedeln. Etliche Bahnhöfe welche aus mehren Bahnhofsteilen bestehen ist einer dieser Teile als Kopfbahnhof ausgebildet, dies ist in den Bahnhöfen Romanshorn, Langenthal und Thun der Fall.

Von der Bauweise her ist der Bahnhof Basel SBB ein Durchgangsbahnhof, jedoch wird er nur für die wenigen weiterführenden Züge in Richtung Mulhouse/Strasbourg als solcher benutzt. Hingegen ist der direkt benachbarte französische Bahnhof ein echter Kopfbahnhof.

Österreich

Die großen Wiener Bahnhöfe West- und Franz-Josefs-Bahnhof sind Kopfbahnhöfe. Der dritte große Wiener Bahnhof war bis Dezember 2009 der Wiener Südbahnhof (*3. Südbahnhof*) als doppelter Kopfbahnhof für die Südbahn und die im rechten Winkel abgehende Ostbahn. Verblieben, nach Zurückziehung der Bahnsteige weg vom bisherigen Südbahnhof und Errichtung eines provisorischen Bahnhofs (*4. Südbahnhof*) für die Ostbahn, ist der Kopfbahnhof *Wien Südbahnhof (Ostbahn)*. Die Funktion des Südbahnhofs für die Südbahn hat provisorisch der Durchgangsbahnhof Wien Meidling übernommen.

Mit Fertigstellung des im Bau befindlichen Durchgangsbahnhofes Wien Hauptbahnhof wird der ehemalige Wiener Süd- und Ostbahnhof ersetzt und der Fernverkehr der Westbahn zum Hauptbahnhof geleitet werden. Der Westbahnhof bleibt zwar Kopfbahnhof, verliert dann jedoch seine Funktion als Fernbahnhof und wird nach ÖBB-Planung zum reinen Regionalbahnhof.

Ein weiterer besonderer Kopfbahnhof ist der Mittelteil des Salzburger Hauptbahnhofes, der als Inselbahnhof und gleichzeitig doppelter Kopfbahnhof einen Teil des innerösterreichischen Bahnverkehrs und in Funktion eines Grenzbahnhofs den Bahnverkehr nach Bayern abtrennt. Seit November 2008 befindet sich der Salzburger Hauptbahnhof im Rahmen der ÖBB-Bahnhofsoffensive im Umbau, der bis 2014 abgeschlossen sein soll. Mit diesem Umbau wird der Inselbahnhof mit seinen beiden Kopfbahnhöfen entfernt und der Bahnhof zum reinen Durchgangsbahnhof.

Siehe auch

- Liste von Kopfbahnhöfen (führt solche Kopfbahnhöfe auf, in denen mindestens zwei Strecken zusammentreffen)
- Keilbahnhof, Reiterbahnhof, Tunnelbahnhof, Turmbahnhof

Weblinks

- *Bahnhöfe* [3] bei Zeno.org. Artikel aus: Viktor von Röll (Hrsg.): *Enzyklopädie des Eisenbahnwesens*, 2. Aufl. 1912–1923, Bd. 1, S. 383 ff.

Einzelnachweise

[1] *Dreh- und Angelpunkt: Hauptbahnhof Zürich* (http://www.durchmesserlinie.ch/en/durchmesserlinie/mehr_zug_zh.htm) – durchmesserlinie.ch

[2] Verkehrswege und Verkehrsmittel, Band 1, Klimt/Schneider, S. 343. ISBN 978-3-86656-520-3 (http://books.google.com/books?id=ST33xH_TN7sC&pg=PA343&lpg=PA343&dq=vergleich+kopfbahnhof+durchgangsbahnhof+site:books.google.de&source=bl&ots=-G8O1Kz1aj&sig=J3JckVmfS2OVFhpxbuNEdyM-AT8&hl=de&ei=FUyuTP_oOJKDswamvo3gDQ&sa=X&oi=book_result&ct=result&resnum=6&ved=0CCIQ6AEwBQ#v=onepage&q&f=false)

[3] http://www.zeno.org/Roell-1912/A/Bahnh%C3%B6fe

Berliner_Ringbahn

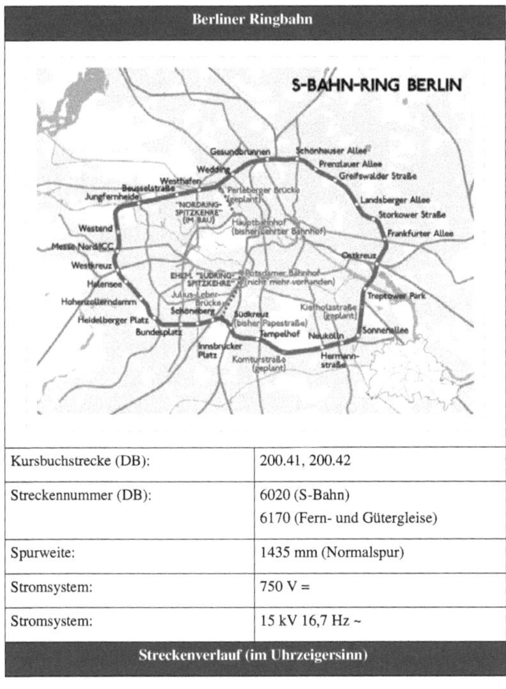

Berliner Ringbahn	
Kursbuchstrecke (DB):	200.41, 200.42
Streckennummer (DB):	6020 (S-Bahn) 6170 (Fern- und Gütergleise)
Spurweite:	1435 mm (Normalspur)
Stromsystem:	750 V =
Stromsystem:	15 kV 16,7 Hz ~
Streckenverlauf (im Uhrzeigersinn)	

|}

Die **Berliner Ringbahn** ist eine rund 37 Kilometer lange Bahnstrecke, die um die Innenstadt von Berlin herum verläuft. Sie besteht aus einem geschlossenen Ring mit zwei Gleisen für die S-Bahn und weiteren Gleisen, die abschnittsweise dem Fern-, Regional- und Güterverkehr dienen. Mehrere Gleisverbindungen schließen den Ring an die Stadtbahn sowie an die radial auf die Innenstadt zulaufenden Strecken an. An Werktagen nutzen über 400.000 Fahrgäste den S-Bahn-Ring.[1]

Wegen seiner markanten Form wird das von der Ringbahn umschlossene Gebiet auch *Hundekopf* oder *Großer Hundekopf* genannt. Diese Bezeichnung hat auch Einzug in den Sprachgebrauch der Berliner Politik und Verwaltung gehalten.[2] So entspricht das Gebiet innerhalb des *Hundekopfes* der Berliner Tarifzone A des Verkehrsverbundes Berlin-Brandenburg. Seit dem 1. Januar 2008 dürfen in dieses Gebiet nur noch schadstoffarme Kraftfahrzeuge mit entsprechenden Vignetten einfahren.

Geschichte

Ausgangslage

1851 wurde die „Königliche Bahnhofs-Verbindungsbahn" zwischen den Kopfbahnhöfen der in Berlin endenden Eisenbahnstrecken fertiggestellt. Diese unmittelbar auf den Straßen des Stadtbereichs gebaute Bahn konnte ihren Aufgaben nicht gerecht werden und wirkte zudem in hohem Maße störend.

Daher wurde bald der Bau einer neuen Verbindungsbahn vor allem für den Güterverkehr geplant, die außerhalb der damaligen Stadtgrenzen verlaufen sollte. Die Mittel für den Bau konnten jedoch erst nach dem siegreichen Krieg gegen Österreich 1866 bewilligt werden. Der Bau begann 1867, fertiggestellt wurde die Ringbahn im Jahr 1877. Mit dem Bau und der Betriebsführung war die Niederschlesisch-Märkische Eisenbahn beauftragt.

Streckenführung

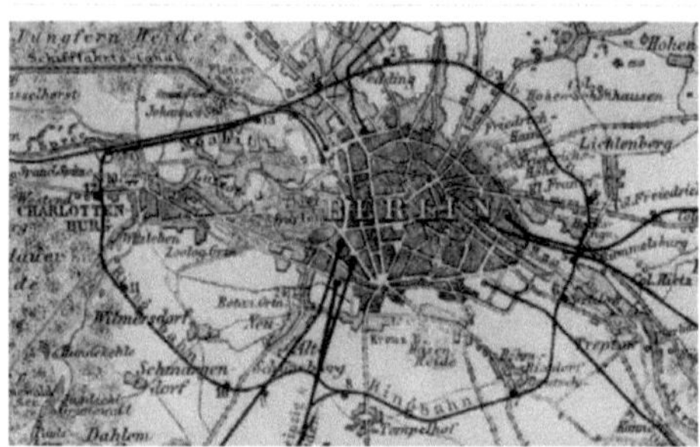

Berliner Ringbahn auf einer Karte von 1885Die als dicke Punkte eingetragenen Kopfbahnhöfe der Fernbahnen sind nördlich der Spree im Uhrzeigersinn der Lehrter, Hamburger, Stettiner, der Ost- und der Schlesische Bahnhof; südlich der Spree der Görlitzer und der Anhalter Bahnhof, der Dresdener Bahnhof sowie der Potsdamer Bahnhof

Der erste Teilabschnitt der Ringbahn ging am 17. Juli 1871 von den Bahnhöfen Moabit über Gesundbrunnen, Central-Viehhof (heute *Storkower Straße*), Stralau-Rummelsburg (heute *Ostkreuz*), Rixdorf (heute *Neukölln*) und Schöneberg (später *Kolonnenstraße*, heute *Julius-Leber-Brücke*) zum Potsdamer Ringbahnhof, einem Flügelbahnhof des Potsdamer Bahnhofs in Betrieb. Von dort kehrten die Züge wieder in die Gegenrichtung um. Dieser Abschnitt war unter dem Begriff „Südringspitzkehre" bekannt. Die Gleise der Berlin-Anhaltischen Eisenbahn (und später auch der Militäreisenbahn) wurden dabei mit Brücken überquert.

Die Niederschlesisch-Märkische Eisenbahn richtete am 1. Januar 1872 zur Neuen Verbindungsbahn einen Personenpendelverkehr vom Haltepunkt „Niederschlesisch-Märkischer Anschluss" ein, der später in „Stralau" umbenannt wurde.

Mit der Verbindung des Bahnhofs Schöneberg über das seit dem 1. Januar 1877 einen eigenen Stadtkreis bildende Charlottenburg (heute *Bahnhof Westend*) bis nach Moabit wurde am 15. November 1877 der Ring geschlossen, wobei der Potsdamer Bahnhof weiterhin über die Südringspitzkehre an den Personenverkehr der Ringbahn angeschlossen war.

Im Zweiten Weltkrieg waren die Bahnanlagen am Potsdamer und Anhalter Bahnhof mehrfach von schweren Bombardierungen betroffen, sodass die Südringspitzkehre ab 1944 nicht mehr befahren werden konnte.

Ab 1944 bis zum Mauerbau 1961 fuhren die S-Bahnzüge über die schon bestehende unmittelbare Gleisverbindung zwischen den Bahnhöfen Papestraße und Schöneberg (1933 an der Ringbahn eröffnet) als Vollring-Züge. Durch den Mauerbau wurde die Ringbahn an zwei Stellen unterbrochen:

- Im Westteil Berlins entstand eine eigenständige Strecke auf einem „Dreiviertelring" zwischen Gesundbrunnen und Sonnenallee bzw. Köllnische Heide.
- Im Ostteil Berlins wurde der dort verbliebene Teilabschnitt der Ringbahn zwischen Schönhauser Allee und Treptower Park mit den anschließenden Vorortstrecken nach Bernau und Königs Wusterhausen bzw. Flughafen Schönefeld verknüpft.

Nach dem Reichsbahnerstreik 1980 ruhte der S-Bahn-Betrieb auf dem westlichen „Dreiviertelring" für rund 13 Jahre.

Am 9. Januar 1984 wurden die Betriebsrechte für die S-Bahn im Westteil Berlins auf die BVG übertragen. In diesem Zusammenhang war zunächst geplant, den Ringabschnitt zwischen Westend und Sonnenallee (wegen der besseren Erschließungswirkung dieses Bahnhofs anstelle von Köllnischer Heide) wieder aufzubauen und in Betrieb zu nehmen.

Nach der Deutschen Wiedervereinigung im Jahr 1990 änderte man diese Pläne, um 1993 vom Südring mit dem Abzweig über Köllnische Heide einen Anschluss an die Görlitzer Bahn herzustellen. Der Wiederaufbau der Verbindung von Sonnenallee zum Treptower Park erforderte Umbauarbeiten größeren Ausmaßes, die nicht kurzfristig realisierbar waren. In den folgenden Jahren wurde der westliche Teil der Ringbahn in mehreren Etappen wieder in Betrieb genommen. Im Jahr 2002 wurde der S-Bahn-Ring wieder geschlossen.

Seit Mai 2006 findet ein echter Vollringbetrieb mit den Linien S41 und S42 statt.

Betriebsorganisation

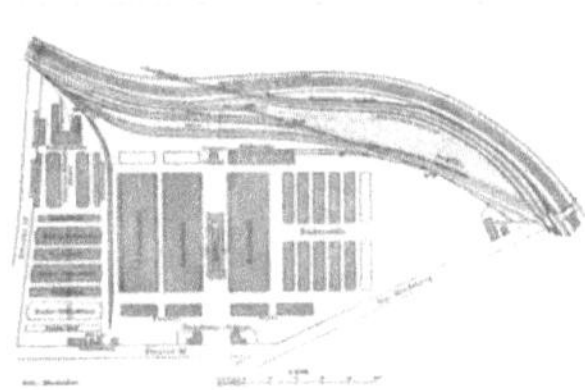

Anlagen der „Neuen Berliner-Verbindungs-Eisenbahn" am damaligen Central-Viehhof

Zunächst wurde nur ein Güterverkehr durchgeführt, ab 1. Januar 1872 zusätzlich auch der Personenverkehr mit separaten Bahnhöfen. Der Betrieb der Ringbahn wurde ab 1926 elektrifiziert. 1930 wurden der Ringbahn-Betrieb zusammen mit den Berliner Stadt- und Vorortbahnen zur Berliner S-Bahn zusammengefasst.

Der Mauerbau 1961 unterbrach den durchgehenden Betrieb, worauf auf West-Berliner Seite die Fahrgastzahlen zwischen Gesundbrunnen und Sonnenallee immer weiter abnahmen. Grund waren auch politisch motivierte Boykottaufrufe, da mit den Einnahmen der unter DDR-Regie betriebenen West-Berliner S-Bahn-Strecken die DDR direkt finanziell unterstützt würde. Die Ost-Berliner Strecke von Schönhauser Allee nach Treptower Park entwickelte sich hingegen zu einer wichtigen Nord-Süd-Tangente.

Der S-Bahn-Betrieb auf dem westlichen Ringteil wurde 1980 aufgrund des Reichsbahnerstreiks eingestellt und erst am 17. Dezember 1993[3] auf dem Abschnitt (Baumschulenweg –) Neukölln – Westend wiederaufgenommen. Abschnittweise wurde der Ring auf den Teilstücken Westend – Jungfernheide (15. April 1997)[3] , Neukölln – Treptower Park (18. Dezember 1997)[3] und Jungfernheide – Westhafen (19. Dezember 1999)[3] wieder in Betrieb genommen. Seit dem 17. September 2001[3] fahren wieder S-Bahnen über die ehemalige Grenze zwischen Schönhauser Allee und Gesundbrunnen.

Am 15. Juni 2002 wurde der letzte Abschnitt der Ringbahn, zwischen Westhafen und Gesundbrunnen, durch Bundesverkehrsminister Bodewig und Bahnchef Mehdorn feierlich wiedereröffnet.[4] Am Folgetag[3] ging der Abschnitt, mit der Zwischenstation Wedding, wieder in Betrieb. In der Werbung wurde dieser Tag auch als „Wedding-Day" bezeichnet, in Anspielung auf das englische Wort *wedding* (Hochzeit). Seitdem verkehrt die S-Bahn wieder durchgehend, es wurde vorerst jedoch kein Vollring, sondern nach dem „Schneckenkonzept“ gefahren: Die Züge kamen von Süden in Neukölln auf den Ring und umrundeten ihn anderthalb mal, bis sie auf einem Ringbahnhof endeten. Dies lag vor allem daran, dass die Fahrt damals genau 63 Minuten dauerte, wodurch sich kein günstiger Takt ergab.

Seit dem 28. Mai 2006 fährt die S-Bahn auf der Ringbahn wieder nach dem Vollring-Konzept. Die Züge brauchen für eine Runde 60 Minuten mit einer Taktung von fünf Minuten in der Hauptverkehrszeit und zehn Minuten in der Normal- und Spätverkehrszeit. Dies wird durch durchgängigen Einsatz von beschleunigungsstarken Zügen der Baureihe 481/482 erreicht. Einige Abschnitte des Ringes werden von weiteren Linien befahren. Auf dem südlichen Ring enden, von der Görlitzer Bahn aus Richtung Südosten kommend, S45 in Hermannstraße, die S46 in Westend und die S47 in Südkreuz, unter der Woche zum Teil auch in Bundesplatz. Auf dem östlichen Ring verkehren zwischen Treptower Park und Schönhauser Allee die Linien S8, S85 und S9.

Im Rahmen des sogenannten „Pilzkonzeptes“ sind die Ferngleise im nördlichen Teil der Ringbahn für den Regional- bzw. Fernverkehr ausgebaut und elektrifiziert worden. Im Bereich der Ringbahn dient der Bahnhof Berlin Gesundbrunnen den Regional- und Fernverkehr und der Haltepunkt Jungfernheide dem Regionalverkehr.

Die Mehrzahl der ehemaligen Ringbahn-Güterbahnhöfe sind stillgelegt beziehungsweise abgebaut worden. Teile des ehemaligen Güterinnenrings im Bereich von Neukölln und Tempelhof werden noch für den Güterverkehr genutzt, auch in Berlin-Moabit gibt es einen Güterbahnhof. Im Bereich Südkreuz und Ostkreuz sind die Ferngleise der Ringbahn derzeit nicht genutzt.

Seitenäste und Verbindungskurven

S-Bahn

Die „Südringspitzkehre“ in Schöneberg um 1893

Von den Ringgleisen der S-Bahn gehen und gingen Seitenäste in folgende Richtungen:

- Von Gesundbrunnen und Schönhauser Allee über Bornholmer Straße nach Pankow und Schönholz (im Betrieb)
- von Treptower Park und Neukölln nach Baumschulenweg (im Betrieb)
- von Jungfernheide über Wernerwerk nach Gartenfeld (Siemensbahn, außer Betrieb und teilweise abgebaut)
- von Jungfernheide über Siemensstadt-Fürstenbrunn nach Spandau (S-Bahn-Gleise außer Betrieb und abgebaut)

Verbindungskurven zwischen der Ringbahn und der Stadtbahn gibt es an den Bahnhöfen Ostkreuz und Westkreuz.

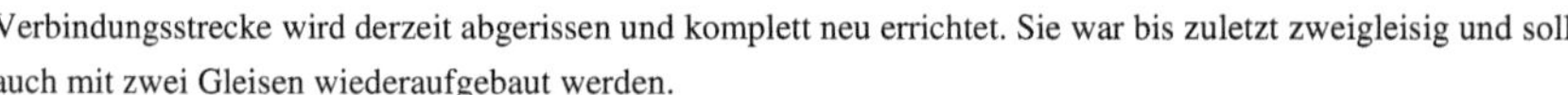

- Die Südringkurve in Ostkreuz wurde bis zum Abend des 28. August 2009 regelmäßig von der S-Bahn-Linie 9 befahren. Diese Verbindungsstrecke wird derzeit abgerissen und komplett neu errichtet. Sie war bis zuletzt zweigleisig und soll auch mit zwei Gleisen wiederaufgebaut werden.
- Die Nordringkurve in Ostkreuz ist seit dem 28. Mai 2006 stillgelegt und abgebaut. Bereits zuvor konnte nur noch das Gleis von der Ringbahn in Richtung Stadtbahn befahren werden; das Gleis Richtung Ringbahn war bereits gesperrt.

- Eine Verbindung von Charlottenburg nach Westend (Nordringkurve) wurde bis 1944 genutzt und nach Zerstörungen im Zweiten Weltkrieg nicht wieder aufgebaut.
- Die Verbindungskurve von Charlottenburg nach Halensee (Südringkurve) wurde Anfang der 1990er-Jahre nur noch eingleisig für Überführungs- und Sonderfahrten wiederaufgebaut. Momentan regelmäßig werktags im Personenverkehr von einigen ein- und aussetzenden Zügen der Linien S41/S42 und S46 genutzt.

Triebwagen der DBAG-Baureihe 481 auf der Linie S 42 im Bahnhof Westkreuz

Die Südringspitzkehre zum Potsdamer Bahnhof wurde 1944 nach Kriegsschäden unterbrochen und nicht wieder aufgebaut. Ein Wiederaufbau wird allerdings perspektivisch in den Planungsoptionen der S21 diskutiert.

Fernbahn

Von den Fern- und Gütergleisen der Ringbahn gibt und gab es folgende Verbindungen:

- vom Güterbahnhof Berlin-Moabit aus Richtung Westen, früher zum Hamburger und zum Lehrter Bahnhof, heute noch für den Güterverkehr genutzt.
- im Bereich Wedding/Westhafen seit 2006 zur Nord-Süd-Fernbahn aus beiden Richtungen zum Hauptbahnhof
- im Bereich Gesundbrunnen/Schönhauser Allee aus beiden Richtungen zur Stettiner Bahn in Richtung Nordosten
- im Bereich Frankfurter Allee/Ostkreuz aus beiden Richtungen über die Bahnstrecke Berlin Frankfurter Allee–Berlin-Rummelsburg zum Bahnhof Berlin-Lichtenberg und zum Rangierbahnhof Berlin-Rummelsburg
- im Bereich Treptower Park aus Richtung Norden zur Görlitzer Bahn (derzeit außer Betrieb)
- im Bereich Neukölln aus Richtung Westen zur Görlitzer Bahn
- im Bahnhof Hermannstraße aus Richtung Osten zur Neukölln-Mittenwalder Eisenbahn
- im Bereich Tempelhof/Südkreuz ein Gütergleis aus Richtung Osten nach Berlin-Marienfelde (derzeit außer Betrieb)
- im Bereich Südkreuz/Schöneberg ein Gütergleis in Richtung Zehlendorf (zurückgebaut im September 2010)
- bei Westkreuz/Halensee aus beiden Richtungen zur Wetzlarer Bahn
- im Bereich Westend/Jungfernheide aus beiden Richtungen nach Spandau

Ab September 2010 bis voraussichtlich Frühjahr 2012 wird die Brücke für die Fernbahnverbindung am Bahnhof Schöneberg erneuert, um zukünftig auch wieder den südlichen Teil des Innenrings nutzen zu können.[5]

Siehe auch

- Berliner Außenring
- Liste der Bahnhöfe im Raum Berlin
- Liste von Eisenbahnstrecken in Deutschland

Literatur

- Leo Favier, Aisha Ronniger, Andrea Schulz, Alexander Schug (Hg.): *Ring frei! Erkundungstour Ringbahn Berlin*, Vergangenheitsverlag, Berlin 2009, ISBN 978-3-940621-04-7.
- Berliner S-Bahn Museum: *Strecke ohne Ende – Die Berliner Ringbahn*, Verlag GVE, Berlin 2002, ISBN 3-892-18074-1.
- Michael Bienert, Ralph Hoppe: *Eine Stunde Stadt*, Berlin Edition, Berlin 2002, ISBN 3-814-80096-6.

- Peter Bley: *50 Jahre Berliner S-Bahn*, In: *Berliner Verkehrsblätter*, 21. Jg. 1974.
- Peter Bley: *Die Berliner S-Bahn: Gesellschaftsgeschichte eines industriellen Verkehrsmittels*, 7. Auflage, Alba, Düsseldorf 1997.
- Peter Bley: *Berliner S-Bahn: vom Dampfzug zur elektrischen Stadtschnellbahn*, Alba, Düsseldorf 1980.
- Waldemar Suadicani: *Berliner Ringbahn* [6] bei Zeno.org. Artikel aus: Viktor von Röll (Hrsg.): *Enzyklopädie des Eisenbahnwesens*, 2. Aufl. 1912–1923, Bd. 2, S. 243 ff.

Weblinks

- Sehr ausführliche Chronik [7]
- Viele Informationen und Bilder zur Ringbahn [8]
- Berliner-Bahnen.de [9]
- Ringbahn-Projekt des Masterstudiengangs "Historische Urbanistik" der TU Berlin [10]

Einzelnachweise

[1] Pressemitteilung *Neues Ringbahnkonzept und Fußball-WM lockten 2006 fünf Prozent mehr Fahrgäste in die rot-gelben Züge* (http://www.s-bahn-berlin.de/presse/presse_anzeige.php?ID=363) der S-Bahn Berlin GmbH, 28. Dezember 2006

[2] *Luftreinhalteplan.* (http://www.berlin.de/sen/umwelt/luftqualitaet/de/luftreinhalteplan/massnahmen.shtml) Abgerufen am 1. August 2011. *Berliner Innenstadt innerhalb des S-Bahnringes ("Großer Hundekopf")*

[3] Deutsche Bahn AG (Hrsg.): *Projekte zwischen Berlin und Ostsee.* Broschüre mit Stand vom 1. Februar 2006, Berlin, S. 5.

[4] Christian Tietze: *„Schlussstein" am Berliner S-Bahn-Ring.* In: Eisenbahn-Revue International, Heft 8-9/2002, ISSN 1421-2811 (http://dispatch.opac.d-nb.de/DB=1.1/CMD?ACT=SRCHA&IKT=8&TRM=1421-2811), S. 363 f.

[5] http://signalarchiv.de/Meldungen/10000572

[6] http://www.zeno.org/Roell-1912/A/Berliner+Ringbahn

[7] http://www.epilog.de/Berlin/Eisenbahn/Ringbahn/Chronik_Ringbahn_Chronik131.htm

[8] http://www.stadtschnellbahn-berlin.de/strecken/02/index.php

[9] http://www.beefland.de/berlin/verbindungsbahnen/ringbahn/index.html

[10] http://www.ringbahn.com

Berlin_Nordbahnhof

Der **Berliner Nordbahnhof** (bis 1950 *Stettiner Bahnhof*) war einer der großen Berliner Kopfbahnhöfe. Bis 1952 war er Ausgangspunkt der Bahnstrecke zum pommerschen Stettin. Er lag im Norden der Innenstadt an der Invalidenstraße im Bezirk Mitte.

Front des Stettiner Bahnhofs um 1895

Heute existiert neben einem Gebäuderest des Vorortbahnhofs nur noch der unterirdische S-Bahnhof *Nordbahnhof* der Nord-Süd-S-Bahn. Im bahnamtlichen Betriebsstellenverzeichnis wird er als *BNB* geführt.

Geschichte

Der Fernbahnhof

Ab dem 1. August 1842 fuhren von hier die Züge der Stettiner Bahn in Richtung Eberswalde, Angermünde, Stettin und in den Folgejahren darüber hinaus nach Pommern. Nach 1851 verkehrte eine Verbindungsbahn zwischen den Berliner Kopfbahnhöfen Hamburger Bahnhof, Potsdamer Bahnhof, Anhalter Bahnhof und Frankfurter Bahnhof (später *Schlesischer Bahnhof*) auf Straßenniveau überwiegend als Güterbahn, die nach 1870 wieder abgerissen werden musste, weil sie den anwachsenden Straßenverkehr störte.

Stettiner Bahnhof um 1875

In dieser Zeit wurde der Aus- und Umbau des Stettiner Bahnhofs in Angriff genommen, da die Anlagen dem stark anwachsenden Verkehrsaufkommen nicht mehr gerecht wurden. Ende 1876 konnte der Bahnhofsneubau seiner Bestimmung übergeben werden, 1903 folgte eine Erweiterung um drei kleine Hallen am östlichen Rand für den Fernverkehr. 1914 verkehrten vom Stettiner Bahnhof in Berlin Schnellzüge im Fernverkehr nach Stralsund und nach Danzig über Stettin. Die schnellste Verbindung vom Stettiner Bahnhof nach Stettin dauerte 1914 zwei Stunden.

Der Bahnhof nach der Erweiterung von 1903

Nach der Anerkennung der Oder-Neiße-Grenze sollte der Namensbezug zu der nun in Polen liegenden pommerschen Hafenstadt vermieden werden und so benannte die DDR den Bahnhof am 1. Dezember 1950 in *Nordbahnhof* um. Bis dahin war der Name *Nordbahnhof* für den weiter östlich liegenden Güterbahnhof der Nordbahn benutzt worden. Dieser wurde seit 1950 als Bahnhof *Berlin Eberswalder Straße* bezeichnet.[1] Zur gleichen Zeit wurde ebenfalls der *Schlesische Bahnhof* in *Ostbahnhof* umbenannt.

Zwei Jahre später, am 18. Mai 1952, wurde der Fernbahnhof, sowohl wegen der Kriegszerstörungen als auch wegen der geografischen Lage der Abgangsstrecke (die Gleise führten vom Bahnhof zuerst über den West-Berliner Bahnhof Gesundbrunnen, bevor an der Grenze zwischen Wedding und Pankow wieder das Ost-Berliner Stadtgebiet erreicht wurde), stillgelegt. Hintergrund war, dass die DDR ab 1. Juni 1952 West-Berlinern den freien Zugang ihres Territoriums untersagt hatte. Drei Jahre später entschied man sich für die Beseitigung des Gebäudes; 1962 wurden die Abrissarbeiten abgeschlossen.

Haupteingang zum Nordbahnhof im April 1952 wenige Wochen vor der Verkehrseinstellung

Der Vorortbahnhof

Ab 1897 fuhr auch die Vorortbahn von hier aus über Gesundbrunnen nach Pankow. Hierfür war westlich neben der großen Halle des Stettiner Fernbahnhofs ein eigenes kleineres Empfangsgebäude, der *Stettiner Vorortbahnhof* (auch *Kleiner Stettiner* genannt) nach Plänen des Eisenbahnbauinspektors Armin Wegner errichtet worden. Am 8. August 1924 verließ von hier aus dann der erste elektrisch betriebene S-Bahnzug den Vorortbahnhof in Richtung Bernau.

Seitenansicht Nordbahnhof, 1958

Nach dem Bau des Nord-Süd-Tunnels und eines eigenen Empfangsgebäudes auf der rechten Seite des Fernbahnhofs durch den Reichsbahnarchitekten Richard Brademann verlor der Vorortbahnhof am 27. Juli 1936 seine Funktion und wurde geschlossen. Das Empfangsgebäude des *Kleinen Stettiner* Vorortbahnhofs an der Zinnowitzer Straße hat Krieg und DDR-Zeit beschädigt überstanden. Es wird derzeit in das Gewerbeprojekt *Nordbahnhoffices* integriert.

Altes Empfangsgebäude der Vorortbahn

Neubau des unterirdischen S-Bahnhofs

Der neue S-Bahnhof wurde unterirdisch nach dem Entwurf des Reichsbahnoberrats Lüttich neben dem Fernbahnhof erbaut. Er war der erste Bahnhof des Nord-Süd-Tunnels der S-Bahn, der weiter nach Süden Richtung Friedrichstraße und Unter den Linden führte.

Wegen des Umsteigeverkehrs zu den Fernzügen als auch aus betrieblichen Gründen (der Bahnhof befindet sich am nördlichen Tunnelende und besaß einen Anschluss zum oberirdisch gelegenen S-Bahn-Betriebswerk) wurde der Bahnhof in anderthalbfacher Tiefe viergleisig mit zwei Richtungsbahnsteigen angelegt. Nördlich und südlich der Bahnsteige schließt je eine Kehranlage an. Über die nördliche Kehranlage war über eine Spitzkehrenfahrt das S-Bahn-Betriebswerk erreichbar, das sogar noch nach dem Mauerbau 1961 bis zur Übernahme des Betriebs durch die BVG 1984 für die im Westteil Berlins eingesetzten Züge zuständig war (Bw Nob).

Bahnsteige

Die beiden Mittelbahnsteige sind je 157 Meter lang und maximal 10,5 Meter breit. Die Bahnsteige sind durch Treppen mit den über den

Gleisen gebauten unterirdischen Quergängen verbunden, die früher unter den Fernbahnsteigen weiterführten; über dem nördlichen Bahnsteigende entstand ein Tunnel zur Gepäckabfertigung, der jeweils mit einem Aufzug mit den Bahnsteigen verbunden ist. Als Haupteingang des Bahnhofs wurde ein relativ geräumiger Pavillon erbaut.

Südlicher Zugang

Für die unterirdische Bahnsteighalle wurde die Berliner Bauweise eingesetzt. Die mit elfenbeinfarbenen Fliesen verkleidete Halle ist durch drei rot verkleidete Stützenreihen in vier Schiffe gegliedert, wobei die äußeren Stützenreihen die Bahnsteigachsen besetzen und die innere Reihe zwischen den Gleisen steht. Die Stützenkapitel beziehungsweise Fußpunkte sind durch Rücksprünge der Verkleidung abstrakt angedeutet. Die Doppel-T-Träger der Decke wurden farbig betont. Obwohl der Bahnhof bereits unter der nationalsozialistischen Herrschaft entworfen wurde, ist die Stilistik des schlicht und sachlich gehaltenen Innenraums durchaus der Moderne anzurechnen.

Nördlicher Zugang an der Gartenstraße (im Vordergrund die Markierung des früheren Mauerverlaufs)

Der Tunnelbahnhof war während der Teilung Berlins gesperrt und wurde zu einem sogenannten „Geisterbahnhof", den die S-Bahnen ohne Halt durchfuhren. Lediglich innerbetriebliche Fahrten setzten hier zum S-Bahn-Betriebswerk aus oder begannen hier.

Nach der Wiedervereinigung

Kurz nach der Wiederöffnung des Nordbahnhofes am 1. September 1990 musste der Nord-Süd-Tunnel auf Grund umfangreicher Sanierungsmaßnahmen geschlossen werden. Nach eineinhalb Jahren Bauzeit konnten der Tunnel und der unterirdische Nordbahnhof am 1. März 1992 wiedereröffnet werden.

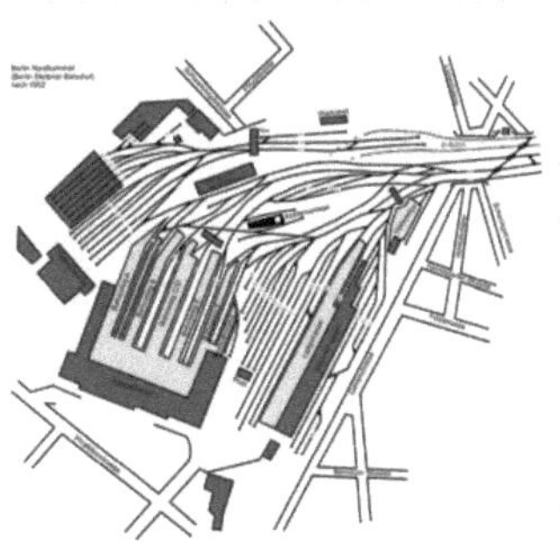

Stettiner Bahnhof nach 1952

Nach der Wiederinbetriebnahme wurden auch die Zugänge des unterirdischen Nordbahnhofs nach und nach wieder geöffnet. Der Bahnhof wurde denkmalgerecht saniert und durch einen hellen Aufzugs- und Fahrradabstellraum erweitert. Als letztes Bauwerk wurde im Mai 2006 der ehemalige nördliche Bahnsteigzugang in leicht expressionistischer Formensprache Richard Brademanns an der neuen Straßenbahnhaltestelle wiedereröffnet. Dieser Zugang diente früher als Zugang zum Sonderbahnsteig G des Stettiner Bahnhofs. Von hier fuhren alle „KDF-Züge" bis zu den Ostseebädern.

Seit 2005 arbeiten auf dem Gelände des ehemaligen Stettiner Vorortbahnhofs mehr als 2000 Mitarbeiter der Deutschen Bahn AG in den neu errichteten Bürobauten des *Stettiner Carrées Mitte.*

Im Zusammenhang mit der Neuanlage einer Straßenbahnhaltestelle ließ die Berliner Senatsverwaltung 2006 den Bahnhofsvorplatz neu gestalten. Zwischen alten Bahngleisen, die in das neue Pflaster flächenbündig eingelassen wurden, sind einige Namen der ehemals durch die Stettiner Bahn erreichbaren Städte in Pommern und an der Ostsee

- in ihrer deutschen und gegebenenfalls auch ihrer polnischen Form - in die Platzfläche eingeschrieben.

Linie	Verlauf
S1	Oranienburg – Lehnitz – Borgsdorf – Birkenwerder – Hohen Neuendorf – Frohnau – Hermsdorf – Waidmannslust – Wittenau – Wilhelmsruh – Schönholz – Wollankstraße – Bornholmer Straße – Gesundbrunnen – Humboldthain – Nordbahnhof – Oranienburger Straße – Friedrichstraße – Brandenburger Tor – Potsdamer Platz – Anhalter Bahnhof – Yorckstraße (Großgörschenstraße) – Julius-Leber-Brücke – Schöneberg – Friedenau – Feuerbachstraße – Rathaus Steglitz – Botanischer Garten – Lichterfelde West – Sundgauer Straße – Zehlendorf – Mexikoplatz – Schlachtensee – Nikolassee – Wannsee
S2	Bernau – Bernau-Friedenstal – Zepernick – Röntgental – Buch – Karow – Blankenburg – Pankow-Heinersdorf – Pankow – Bornholmer Straße – Gesundbrunnen – Humboldthain – Nordbahnhof – Oranienburger Straße – Friedrichstraße – Brandenburger Tor – Potsdamer Platz – Anhalter Bahnhof – Yorckstraße – Südkreuz – Priesterweg – Attilastraße – Marienfelde – Buckower Chaussee – Schichauweg – Lichtenrade – Mahlow – Blankenfelde
S25	Hennigsdorf – Heiligensee – Schulzendorf – Tegel – Eichborndamm – Karl-Bonhoeffer-Nervenklinik – Alt-Reinickendorf – Schönholz – Wollankstraße – Bornholmer Straße – Gesundbrunnen – Humboldthain – Nordbahnhof – Oranienburger Straße – Friedrichstraße – Brandenburger Tor – Potsdamer Platz – Anhalter Bahnhof – Yorckstraße – Südkreuz – Priesterweg – Südende – Lankwitz – Lichterfelde Ost – Osdorfer Straße – Lichterfelde Süd – Teltow Stadt

Sonstiges

In der nördlichen Verteilerebene des S-Bahnhofes befindet sich eine Ausstellung mit Fotos und Videos von DDR-Grenzsicherungseinrichtungen in U- und S-Bahnhöfen.

Siehe auch

- Geschichte der Berliner S-Bahn
- Liste von Eisenbahnstrecken in Deutschland

Literatur

- Architekten- und Ingenieur-Verein zu Berlin (Hrsg.): *Berlin und seine Bauten, Teil X Band B: Anlagen für den Verkehr (2) Fernverkehr.* Berlin (West) 1984, ISBN 3-433-00945-7.
- Jürgen Meyer-Kronthaler, Wolfgang Kramer: *Berlins S-Bahnhöfe – Ein dreiviertel Jahrhundert.* Berlin-Brandenburg 1999, ISBN 3-930863-60-X.

Weblinks

- Berlin Nordbahnhof [2] bei stadtschnellbahn-berlin.de

Einzelnachweise

[1] Karte der Reichsbahndirektion Berlin 1953 (http://www.blocksignal.de/krt/f.php?r=4&k=r53&i=0715)

[2] http://www.stadtschnellbahn-berlin.de/bahnhof/bahnhof.php?bhf=339

Koordinaten: 52° 31′ 55″ N, 13° 23′ 16″ O

Hamburger_Bahnhof_(Berlin)

Der **Hamburger Bahnhof** in Berlin ist ein ehemaliger Bahnhof der Berlin-Hamburger Bahn, sein Empfangsgebäude beherbergt heute das Museum für Gegenwart, das zur Nationalgalerie gehört. Das Museum zählt mit 250.000 Besuchern im Jahr 2007 zu den erfolgreichsten Häusern für zeitgenössische Kunst.

Der Hamburger Bahnhof

Der Hamburger Bahnhof wurde von 1846 bis 1847 als Kopfbahnhof der Berlin-Hamburger Bahn errichtet, sein Empfangsgebäude nach Plänen von deren Direktor Friedrich Neuhaus sowie Ferdinand Wilhelm Holz in spätklassizistischem Stil erbaut. Er ist eines der ältesten Bahnhofsgebäude Deutschlands und der einzige heute noch erhaltene aller Berliner Kopfbahnhöfe aus dieser Zeit, wird aber heute nicht mehr in seiner ursprünglichen Funktion genutzt. Er befindet sich nordöstlich des Hauptbahnhofs (des ehemaligen Lehrter Bahnhofs) an der Invalidenstraße im Ortsteil Moabit in unmittelbarer Nähe zur Charité und gehört der Immobiliengesellschaft Vivico. Im Umfeld wurden mittlerweile zahlreiche andere kulturelle Nutzungen angesiedelt.

Bauabschnitte

Der Hamburger Bahnhof besaß zwei hohe Rundbogentore als Durchfahrten für die Lokomotiven, die auf einer Drehscheibe vor dem Gebäude umgesetzt wurden.

Der Hamburger Bahnhof um 1850. Im Vordergrund die Verbindungsbahn auf der späteren Straßenbahntrasse

Ab 1851 nahm die Verbindungsbahn zwischen dem Stettiner Bahnhof und dem Hamburger Bahnhof sowie den weiteren Kopfbahnhöfen Potsdamer Bahnhof, Anhalter Bahnhof bis zum Frankfurter Bahnhof (später: Schlesischer Bahnhof) den Betrieb auf.

1870 erfolgte der Einbau einer Schiebebühne zum Umsetzen der Loks, wodurch die Tore überflüssig wurden. Im gleichen Jahr wurde die auf Straßenebene verkehrende Verbindungsbahn abgerissen, da sie zum Verkehrshindernis geworden war. 1911 bis 1916 wurden zwei Flügel zur Straße hin angebaut, wodurch der heutige Ehrenhof entstand.

1990 bis 1996 erfolgte der bisher letzte Umbau bzw. die Erweiterung nach Plänen von Josef Paul Kleihues für das *Museum für Gegenwart*. Von Kleihues stammt der rechts der großen Halle gelegene Erweiterungsbau mit einer Länge von 80 Metern.

Im Bahnhof befinden sich neben den Ausstellungsräumen eine Buchhandlung sowie ein Restaurant, das von Sarah Wiener geführt wird.

Geschichte

Lage des Hamburger Bahnhofs neben dem Lehrter Bahnhof, 1875

1841 wurde der Bau einer Eisenbahnlinie zwischen Berlin und Hamburg per Staatsvertrag beschlossen. Fünf Jahre später, am 15. Oktober 1846, fand die Jungfernfahrt nach Hamburg statt. Der Bahnhof war damals noch im Bau, sodass aus einem Güterschuppen heraus gestartet wurde. Beim Bau des Bahnhofs musste der moorige Baugrund durch Sand aufgeschüttet und der Spreekanal nach Norden verlegt werden. Mit der Entstehung des Schienennetzes wurden bis 1859 der Berlin-Spandauer Schifffahrtskanal und der Humboldthafen angelegt. Hierdurch sollte die Anbindung des Schienennetzes an das Wassernetz verbessert werden. Die Fertigstellung des Bahnhofs wurde 1847 gefeiert.

Am 14. Oktober 1884 wurde der Bahnhof nach nur 37 Jahren Betriebszeit stillgelegt, da der nahe gelegene Lehrter Bahnhof nun den Reiseverkehr in Richtung Hamburg bediente. Der Vorplatz wurde umgestaltet und die geschlossene Hallensüdseite erhielt eine Freitreppe. Das hinter dem Bahnhof gelegene Güterbahngelände wurde allerdings als Ableger des Lehrter Güterbahnhofs noch bis in die 1980er Jahre betrieben, insbesondere seit auf dem Lehrter Güterbahngelände der West-Berliner Containerbahnhof des Hamburger- und Lehrter Güterbahnhofes errichtet wurde, der für den Container-Warenumschlag mit zwei großen Portalkränen ausgestattet war. Auf dem Gelände des Hamburger Güterbahnhofes siedelten zahlreiche Speditionsfirmen, die auch noch nach der Stilllegung dieses Teiles des Hamburger- und Lehrter Güterbahnhofs zum Teil bis heute in Betrieb blieben. Die beiden Portalkräne zum Umsetzen von Containern wurden im Jahre 2007 demontiert.

Am 14. Dezember 1906 wurde in dem Bahnhofshauptgebäude das *Königliches Bau- und Verkehrsmuseum* später *Verkehrs- und Baumuseum* (auch *Lokomotivenmuseum* genannt) eröffnet. In einer vereinten Sammlung sollten industrielle und technische Entwicklungen gezeigt werden. Die Sammlung sollte auch den Beamten, Studierenden und Fachleuten Gelegenheit zum Lernen und zur Weiterbildung geben. Es ist somit ein Vorläufer des heutigen Technikmuseums in Berlin. Das Museum erwies sich von Anfang an als Publikumsmagnet. Da die Sammlung weiter wuchs, errichtete man 1909 bis 1911 den zweigeschossigen linken Flügelbau. Der Zwillingsflügel auf der rechten Seite folgte in den Jahren 1914 bis 1916.

Im Zweiten Weltkrieg wurde das Gebäude 1944 stark beschädigt, große Teile der Sammlung blieben jedoch erhalten. Von der großen Modellbahn im Maßstab 1:43 blieb nach Plünderung nichts übrig. Nach dem Krieg wurde es als Bahnbetriebsanlage der Deutschen Reichsbahn übertragen. Das Gebäude wurde gesperrt und der Öffentlichkeit nicht zur Verfügung gestellt. Engagierte Reichsbahner erreichten es jedoch, Bauwerk und Exponate so gut es ging zu erhalten. Die Deutsche Reichsbahn konnte bzw. wollte mit dem Museum nichts anfangen, waren doch ihre Rechte im Westteil der Stadt Berlin aufgrund alliierter Festlegungen auf Transportaufgaben beschränkt.

Als 1984 die BVG die Betriebsrechte an den in West-Berlin gelegenen S-Bahn-Strecken übernahm, wurde der Hamburger Bahnhof an den Berliner Senat übergeben. Nach ersten Sicherungsarbeiten konnte er kurze Zeit besichtigt werden. Danach erfolgte eine grundlegende Sanierung. Ab 1987 fanden dort diverse Kunstausstellungen statt.

Die Ausstellungsstücke des *Verkehrs- und Baumuseums* wurden vom *Museum für Gegenwart* an das *Verkehrsmuseum Dresden* und das *Deutsche Technikmuseum Berlin* übergeben und sind heute dort teilweise zu besichtigen.

Museum für Gegenwart

Mitte der 1980er Jahre bot der Berliner Bauunternehmer Erich Marx an, der Stadt seine Privatsammlung zur Verfügung zu stellen. Daraufhin entschied der Berliner Senat 1987, in dem ehemaligen Bahnhof ein Museum für Gegenwartskunst einzurichten. Die Stiftung Preußischer Kulturbesitz erklärte sich bereit, die Trägerschaft zu übernehmen. Ein Wettbewerb zum Umbau des Bahnhofs wurde vom Senat 1989 ausgeschrieben, er wurde vom Architekten Josef Paul Kleihues gewonnen. Im November 1996 erfolgte die Neueröffnung durch eine Ausstellung mit Werken von Sigmar Polke. Seither sind hier als Teil der Nationalgalerie das *Museum für Gegenwart – Berlin* und das *Joseph Beuys Medien-Archiv* untergebracht.

Museum für Gegenwart. Im Vordergrund der *Berlin Circle* von Richard Long

Es sind Werke unter anderem von Joseph Beuys, Anselm Kiefer, Roy Lichtenstein, Richard Long, Andy Warhol, Donald Judd und Cy Twombly ausgestellt. Die Bestände setzen sich aus Exponaten der Nationalgalerie und der Sammlung Marx zusammen. Die Sammlung Marx besteht aus rund 150 Bildern und etwa 500 Zeichnungen von Beuys und Warhol.[1] Im März 1982 war sie erstmalig in der Neuen Nationalgalerie in Teilen ausgestellt worden. Seit 2004 wurden Höhepunkte der Kunstsammlung von Friedrich Christian Flick als Leihgabe gezeigt. Diese Ausstellung wurde jedoch in der Öffentlichkeit kritisch diskutiert, da die Sammlung mit dem Erbe des Unternehmers Friedrich Karl Flick finanziert wurde, der als Kriegsprofiteur des NS-Regimes gilt und deswegen auch verurteilt wurde.

Ursprünglich sollten diese Leihgaben bis 2010 gezeigt werden. Zu Jahresbeginn 2008 schenkte Flick schließlich 166 Werke seiner Friedrich Christian Flick Collection dem Museum.[2] Angesichts ihres Umfanges und ihrer Qualität bezeichnet die Stiftung Preußischer Kulturbesitz diese Schenkung als einzigartig in der Nachkriegszeit.

Weiterhin lässt das Konzept des Museums Raum für Wechselausstellungen aktueller Gegenwartskünstler.

Siehe auch

- Hamburg Berliner Bahnhof – das Gegenstück am anderen Ende der Strecke war von 1857 bis 1903 in Betrieb.

Literatur

- Christine von Brühl: *Der Hamburger Bahnhof.* 2. überarb. Aufl. Homilius, Berlin 2003, ISBN 3-931121-52-6 (= *Der historische Ort.* Nr. 53).
- Cornelia Dörries: *Der Hamburger Bahnhof.* Berlin Edition, Berlin 2000, ISBN 3-8148-0028-1 (= *Berliner Ansichten.* Bd. 18).
- Günther Kühne: *Fern- und S-Bahnhöfe.* In: Architekten- u. Ingenieur-Verein zu Berlin (Hrsg.), Berlin und seine Bauten – Teil 10 Bd. B. Anlagen und Bauten für den Verkehr II: Fernverkehr. Berlin 1984, ISBN 3-433-00945-7.
- Holger Steinle: *Ein Bahnhof auf dem Abstellgleis. Der ehemalige Hamburger Bahnhof in Berlin und seine Geschichte.* Silberstreif, Berlin 1983, ISBN 3-924091-00-5.
- Britta Schmitz, Dieter Scholz: *Hamburger Bahnhof: Museum für Gegenwart Berlin.* München, Prestel, 2002 (2. Aufl.), ISBN 3-7913-1713-X.

Weblinks

- Hamburger Bahnhof – Museum für Gegenwart [3]
- Hamburger Bahnhof Museumsführung [4]
- Museum für Gegenwart Berlin [5]
- Grundstückseigentümer Vivico [6]
- Video: Bruce Nauman Ausstellung Dream Passage - im Hamburger Bahnhof - Museum für Gegenwart Berlin art-in-berlin.de 2010 [7]
- Eintrag in der Berliner Landesdenkmalliste [8]

Einzelnachweise

[1] Quelle: Ines Goldbach: *Das Museum für Gegenwart im ehemaligen Hamburger Bahnhof in Berlin-Studien zu Architektur und Museumskonzept.* (http://www.freidok.uni-freiburg.de/volltexte/1141/pdf/Gesamte_Magisterarbeit_Januar_2004_publizierter_Zustand_letz.pdf) Stand 1999; Magisterarbeit, Universität Freiburg, 2004, Online-Fassung, Anmerkung 127 auf S. 42

[2] Pressemitteilung: *Hamburger Bahnhof – Museum für Gegenwart erhält 166 Werke zeitgenössischer Kunst als Schenkung von Friedrich Christian Flick* (http://www.hv.spk-berlin.de/deutsch/presse/pdf/080219_FlickSchenkung_HamburgerBahnhof.pdf) vom 16. Februar 2008

[3] http://www.hamburgerbahnhof.de/

[4] http://www2.rz.hu-berlin.de/museumspaedagogik/museumswelt/fuehrungen/hh_bahnhof.html

[5] http://www.smb.spk-berlin.de/hbf

[6] http://www.vivico.de/deutsch/Immobilien/Objekte/Heidestrasse/Projektbeschreibung/index.php

[7] http://www.art-in-berlin.de/incbmeldvideo.php?id=1894&-bruce-nauman

[8] http://www.stadtentwicklung.berlin.de/cgi-bin/hidaweb/getdoc.pl?DOK_TPL=lda_doc.tpl&KEY=obj%2009050268

Koordinaten: 52° 31′ 42″ N, 13° 22′ 20″ O

Bahnhof_Berlin_Potsdamer_Platz

Berlin Potsdamer Platz	

Südlicher Eingang zum S- und Regionalbahnhof	
Daten	
Kategorie	2
Betriebsart	Durchgangsbahnhof
Bauform	Tunnelbahnhof
Bahnsteiggleise	4 S-Bahngleise 4 Fernbahngleise
Abkürzung	BPOF BPOP *(S-Bahn)*
Profil auf Bahnhof.de	Nr. 5016 [1]
Lage	
Stadt	Berlin
Land	Berlin
Staat	Deutschland
Koordinaten	52° 30′ 34″ N, 13° 22′ 33″ O [2]Koordinaten: 52° 30′ 34″ N, 13° 22′ 33″ O [2]
Eisenbahnstrecken	
• Nord-Süd-Tunnel (KBS 200.1, 200.2, 200.25) • Nord-Süd-Fernbahn (KBS 203, 204, 205, 209.11)	
Bahnhöfe im Raum Berlin	

Der **Bahnhof Potsdamer Platz** ist ein unterirdischer Bahnhof am Potsdamer Platz im Zentrum Berlins. Er liegt im Tunnel der Nord-Süd-Fernbahn, die die Verbindung zum Berliner Hauptbahnhof darstellt. Der Bahnhof ist Bestandteil des *Pilzkonzeptes* für Berlin der Deutschen Bahn AG. Ungefähr dort, wo er sich befindet, lag der – noch vor Kriegsende 1945 geschlossene – Potsdamer (Fern)-bahnhof mit seinen beiden Nebenbahnhöfen. Im bahnamtlichen Betriebsstellenverzeichnis wird *Berlin Potsdamer Platz (Fernbahn)* als *BPOF* geführt, der S-Bahnhof als *BPOP*. Aus betrieblicher Sicht ist die Station *Berlin Potsdamer Platz (Fernbahn)* kein Bahnhof, sondern ein

Haltepunkt.

Potsdamer Bahnhof

Der Potsdamer Bahnhof 1843

Vor der Teilung Berlins befand sich am Potsdamer Platz der oberirdisch gelegene *Potsdamer Bahnhof*. Hierbei handelte es sich um einen Kopfbahnhof des Fern- und Lokalverkehrs, von dem Züge auf der sogenannten „Stammbahn", der ältesten preußischen Eisenbahnlinie, in Richtung Potsdam und Magdeburg und weiter nach Westdeutschland die Stadt verließen. Der Bahnhof eröffnete als erster Bahnhof Berlins 1838 direkt vor dem Potsdamer Tor der Berliner Zollmauer. Er wurde auf der sogenannten „Großen Bleiche" errichtet, die zuvor von der Rixdorfer und Berliner Brüdergemeine erworben wurde.[3]

Der erste Potsdamer Bahnhof um 1850

Der erste Potsdamer Bahnhof bestand bis 1869. Eine neue Anlage wurde von Julius Ludwig Quassowski (1824–1909) entworfen, verfügte über fünf Bahnsteige und vier Gleise sowie eine 173 Meter lange und 36 Meter breite Halle. Kaiser Wilhelm I. weihte den für 3,34 Mio. Goldmark errichteten Neubau am 30. August 1872 feierlich ein. Der Mittelrisalit des Bahnhofes wurde im Stil florentinischer Paläste durch Rundbögen gegliedert. Bis 1890 frequentierten über drei Millionen Fahrgäste den Bahnhof. Deshalb wurde der Neubau von eigenen Kopfbahnhöfen für den Vorortverkehr erforderlich. Diese wurden 1891 eröffnet. Bis in die 1930er Jahre bestand der Potsdamer Bahnhof aus drei Teilbahnhöfen:

- Auf der Westseite der zweigleisige Wannseebahnhof für die gleichnamige Strecke,
- in der Mitte der viergleisige Fernbahnhof für Züge in Richtung Potsdam, Brandenburg und Magdeburg (teilweise weiter in den Harz oder Richtung Hannover-Ruhrgebiet/Kreiensen-Kassel-Frankfurt am Main),
- auf der Ostseite der viergleisige Ring- und Vorortbahnhof für die Vorortstrecken nach Lichterfelde Ost und Zossen sowie für die Südringzüge.

Bei der Südringspitzkehre handelte es sich um eine Verbindung, die zwischen den Bahnhöfen Papestraße (heute Südkreuz) und Schöneberg der Ringbahn abzweigte und entlang der Wannseebahn zum Potsdamer Bahnhof führte. Ziel war es einerseits, eine Verbindung von den Bahnhöfen der südlichen Ringbahn zum damaligen Zentrum am Potsdamer Platz herzustellen, gleichzeitig ermöglichte das Wenden am Potsdamer Ring- und Vorortbahnhof das Austauschen der Dampflokomotiven, die im Gegensatz zu den später eingesetzten elektrischen Triebwagen nur eine begrenzte Reichweite besaßen. Außerdem ließen sich so Verspätungen besser auffangen. Die Südringspitzkehre wurde nach Bombenschäden 1944 nicht wieder aufgebaut, seitdem verkehrten die S-Bahn-Züge als Vollringzüge (1944–1961 und seit 2006).

Der Potsdamer Platz galt in den 1920er und 1930er Jahren als einer der verkehrsreichsten Plätze Europas. Zahlreiche Hotels, Gaststätten und insbesondere das Haus Vaterland prägten den Ruf dieses Bereichs als Amüsierviertel. Zudem lagen viele Büros und Banken sowie Regierungseinrichtungen (inkl. der alten und der neuen Reichskanzlei) in unmittelbarer Nähe.

Nach erheblichen Zerstörungen im Zweiten Weltkrieg stellte die Reichsbahn 1945 noch vor Ende des Krieges den Betrieb ein. Am 27. September 1945 beschloss die Reichsbahn endgültig, den Potsdamer Fernbahnhof stillzulegen.[4] Durch die Flutung des Nord-Süd-S-Bahn-Tunnels in den letzten Kriegstagen war es aber notwendig, die S-Bahn-Züge der Südstrecken bis 1946 wieder im oberirdischen Potsdamer Ringbahnhof wenden zu lassen.

Die Reste des Bahnhofs und des Gleisvorfeldes des Potsdamer Bahnhofs gehörten zum Bezirk Mitte und damit zu Ost-Berlin, lagen aber als schmaler Gebietsstreifen, der bis zum Landwehrkanal reichte, eingeklemmt zwischen den damaligen West-Berliner Bezirken Kreuzberg und Tiergarten. Das Gebiet dümpelte jahrelang als „Niemandsland" im Grenzgebiet dahin. Bei einem Gebietsaustausch mit der DDR (im Jahr 1972) wurde es deshalb an West-Berlin abgetreten.[5] Die Lage des Gleisfeldes ist noch heute erkennbar: Sie entspricht zwischen Potsdamer Platz und Landwehrkanal weitgehend der heutigen – nach der Schauspielerin Tilla Durieux benannten – langgestreckten Parkanlage.

Potsdamer Güterbahnhof

Der *Potsdamer Güterbahnhof* befand sich südlich des eigentlichen Bahnhofs auf einem Areal, das im Norden vom Landwehrkanal, im Westen von der Dennewitz- sowie der Flottwellstraße, im Süden von der Yorckstraße und im Osten vom Gleisdreieck sowie dem Anhalter Güterbahnhof begrenzt wird. Auf diesem Gelände befand sich unter anderem das Bahnbetriebswerk *Bw Berlin Pog*, das auch die Lokomotiven für den Personenverkehr bereitstellte, und Aufstellgruppen für Fern-, Vorort- und Ringbahnzüge.

Im Zusammenhang mit dem Bau des neuen Stadtquartiers am Potsdamer Platz und des Tiergartentunnels war hier ein großes Baulogistikzentrum eingerichtet, das den Bodenaushub und die benötigten Baustoffe zwischen Baustellen-Lkw und Güterwagen umschlug. Für diesen Zweck wurde das Gütergleis der Wannseebahn befristet nutzbar gemacht. Ziel war, Lkw-Fahrten dieser Großbaustellen auf den innerstädtischen Straßen zu vermeiden. Hierzu wurde eine eigene Brücke über den Landwehrkanal für die Baustellen-Lkw erbaut.

Von 1995 bis 2006 wurde auf dem Gelände des ehemaligen Güterbahnhofs die südliche Rampe und die Tunneleinfahrt zum Tiergartentunnel errichtet, der in vier Röhren den Bahn-Fernverkehr in Nord-Süd-Richtung durch den zentralen Bereich zum neuen Hauptbahnhof leitet.

Seit dem 26. August 2006 wird das Gelände des Potsdamer sowie des Anhalter Güterbahnhofs in die 26 Hektar große Parkanlage *Park am Gleisdreieck* umgestaltet. Der erste Teil des Parkes wurde am 2. September 2011 eröffnet.[6]

Wannsee-, Ring- und Vorortbahnhof

Wannseebahnhof

Westlich an den Fernbahnhof angrenzend lag, ebenfalls seit 1891, der **Potsdamer Wannseebahnhof** für den Vorortverkehr auf der Wannseebahn, die heute von der S-Bahn-Linie S1 befahren wird. Nach Inbetriebnahme des Nord-Süd-S-Bahn-Tunnels diente der Wannseebahnhof als Kapazitätserweiterung des Potsdamer Fernbahnhofs. Wie dieser wurde der Wannseebahnhof 1944 stillgelegt.

Ring- und Vorortbahnhof

Direkt südlich an den Potsdamer Bahnhof angrenzend auf der östlichen Seite befand sich der 1891 eröffnete Potsdamer Ring- und Vorortbahnhof. Dieser wurde von den Zügen der Ringbahn und den Zügen der Vorortstrecke der Anhalter und Dresdener Bahn nach Lichterfelde Ost und Zossen genutzt. Für die Ringzüge stand ein einzelner Bahnsteig mit zwei stumpf endenden Gleisen zur Verfügung, ebenso für die Vorortstrecke, die ab 1903 elektrisch bis Lichterfelde Ost betrieben wurde. Ein Teil dieser Vorortzüge entfiel mit der Eröffnung der Berliner Nord-Süd-S-Bahn im 6. November 1939, ein anderer Teil während des Zweiten Weltkrieges 1944 – nach schweren Bombentreffern fuhr die Ringbahn nur noch im Vollring –, der Rest nach Kriegsende. Nach der Überflutung des Nord-Süd-S-Bahn-Tunnels in den letzten Kriegstagen musste der Ringbahnhof erneut bis 1946 für S-Bahn-Züge der südlichen Vorortstrecken genutzt werden.

Bis 1944 endeten die vom Südring ankommenden Züge hier (sie mussten „Kopf machen“) und fuhren in Richtung Südring zurück. Zum Wenden standen jedem Zug im elektrischen Betrieb nur zwei Minuten zur Verfügung. Das Ende der Südring-Spitzkehre und des Potsdamer Ringbahnhofs läutete der Luftangriff vom 24. November 1943 ein, als weite Teile der Gegend um den Potsdamer Platz schwer zerstört wurden. Mit der Auslagerung wichtiger Behörden und Geschäftsschließungen ging das Verkehrsbedürfnis zurück, Schäden an der Südring-Spitzkehre (insbesondere am S-Bahnhof Kolonnenstraße) und fortschreitender Wagenmangel veranlassten die Verwaltung, die Ringbahnzüge ab Mitte 1944 nicht mehr dorthin zu führen, sondern als Vollringzüge verkehren zu lassen.

Im bahnamtlichen Betriebsstellenverzeichnis wurde der Berlin Potsdamer Ring- und Vorortbahnhof als *BPOR* geführt.

Regionalbahnhof Potsdamer Platz

Direkt neben dem S-Bahnhof wurde im Jahr 2006 die Station mit dem Namen *Bahnhof Potsdamer Platz*, der auch über den Zugangsbauwerken zu lesen ist, eröffnet. Aus bahnbetrieblicher Sicht ist diese Station allerdings ein Haltepunkt an der viergleisigen Nord-Süd-Verbindung des Fern- und Regionalverkehrs zwischen den Bahnhöfen Hauptbahnhof und Südkreuz.

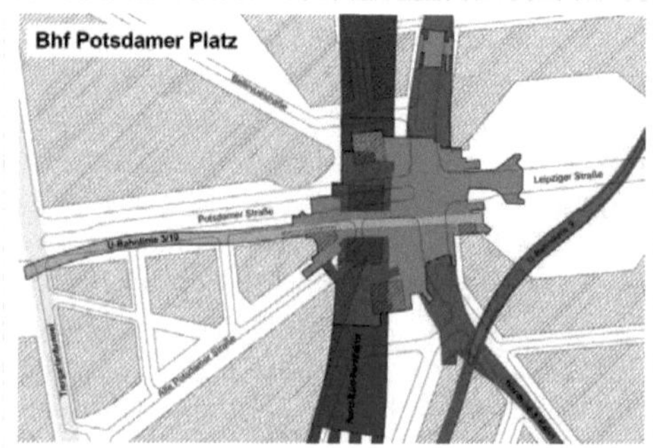

Der unterirdische Bahnhofskomplex in seinen heutigen Ausmaßen

Das 260 Meter lange, 50 Meter breite und (auf Gleisebene) 20 Meter unter dem Straßenniveu liegende Bauwerk weist zwei Mittelbahnsteige an den vier Gleisen auf.[7] Derzeit halten am Regionalbahnhof Potsdamer Platz Züge der Regionalexpress-Linien RE 3, RE 4 und RE 5, Züge des IRE 25, sowie als einziger Fernverkehrszug der von Veolia betriebene, zweimal täglich verkehrende Interconnex der Verbindung Leipzig – Berlin (– Rostock). Es bestehenden Umsteigemöglichkeiten zu S- und U-Bahn sowie zu zahlreichen Buslinien am Potsdamer Platz.

Die Station wurde nach den Plänen der Architektengemeinschaft *Bahnhof Potsdamer Platz Architekten* (BPA) errichtet, die aus den Büros Hilmer & Sattler und Albrecht, *Hermann + Öttl* und *Modersohn Freiesleben* bestand.[8]

Verkehrsprognosen vor der Eröffnungen gingen von 80.000 Fahrgästen pro Tag aus, darunter etwa 30.000 Umsteiger zu U- und S-Bahn.[9]

Die Bauarbeiten sollten 1995 beginnen. Die Fertigstellung des Rohbaus war für Frühjahr 1997 geplant, in den Jahren 1997 bis 1999 sollte der Innenausbau folgen. Die Inbetriebnahme des Bahnhofs war erst für das Jahr 2002 geplant.[10] Mitte 2002 war geplant, den Bahnhof Ende 2005 in Betrieb zu nehmen, ein halbes Jahr vor der geplanten Inbetriebnahme des Hauptbahnhofs.[7] Der Bahnhof wurde letztlich zum Fahrplanwechsel Ende Mai 2006 eröffnet.

S-Bahnhof Potsdamer Platz

Der Tunnel der Nord-Süd-S-Bahn verband seinerzeit drei wichtige Kopfbahnhöfe des Fernverkehrs (Stettiner Bahnhof [heute Nordbahnhof], den Potsdamer Bahnhof und den Anhalter Bahnhof) sowie den Fernbahnhof Friedrichstraße. Der südliche Abschnitt mit dem Tunnelbahnhof Potsdamer Platz (nach dem Plänen von Richard Brademann) wurde am 15. April 1939 eröffnet. Er besitzt vier Gleise an zwei Mittelbahnsteigen, obwohl hier keine andere Strecke abzweigt.

S-Bahnhof Potsdamer Platz, Zwischengeschoss

Der Bahnhof war als zentraler Verzweigungsknoten von je zwei südlichen und nördlichen Zweigen der Nord-Süd-S-Bahn gebaut worden. Geplant war damals, die Ringbahnzüge statt in den oberirdischen Vorortbahnhof in den unterirdischen Bahnhof Potsdamer Platz einzuführen und später über Lehrter Bahnhof nach dem Nordring zu verlängern. Dafür wurden am südlichen Ausgang des Bahnhofs kurze Tunnelverzweigungen ohne Gleise gebaut und am nördlichen Ausgang eine längere Strecke bis zur Behrenstraße, die als Abstellbahnhof benutzt wird und im Berliner Bahner-Jargon als „Heuboden" bekannt ist. Die mittleren Gleise des Bahnhofs sind für diese nur ansatzweise realisierten Strecken vorgesehen. In südlicher Richtung wird Raum für eine Trasse unter und in den Gebäuden der Park Kolonnaden und des Mendelssohn-Bartholdy-Parks freigehalten.

Unterirdischer S-Bahnhof Potsdamer Platz

Während der Teilung Berlins von 1961 bis 1989 lag der Bahnhof direkt unter der Berliner Mauer. Er war geschlossen und die Züge durchfuhren diesen sogenannten Geisterbahnhof ohne Halt. Der S-Bahnhof steht unter Denkmalschutz.[11]

In den 1990er Jahren wurden im Zuge der neuen Bebauung des Potsdamer bzw. Leipziger Platzes über den östlichen Eingängen der S-Bahn-Station kleine Aufbauten vorgesehen. Durch Oswald Mathias Ungers entworfen und an die Kubaturen des früheren Potsdamer Tores angelehnt, kamen sie jedoch nie zur Ausführung.

U-Bahnhöfe

Obwohl am Potsdamer Platz drei U-Bahnhöfe gebaut wurden, ist nur einer davon in Betrieb. Der erste wurde nach nur fünf Jahren wieder geschlossen, der zweite ist seit über hundert Jahren (allerdings mit 31-jähriger Pause) in Betrieb, und der dritte wird möglicherweise nicht in Betrieb gehen.

Alter U-Bahnhof Potsdamer Platz

Die erste Strecke der Berliner U-Bahn, eröffnet am 18. Februar 1902, besaß bereits einen unterirdischen Bahnhof am Potsdamer Platz. Wie alle unterirdischen Bahnhöfe der sogenannten „Stammstrecke" besaß er Seitenbahnsteige. Er war zunächst Endstation des Linienzweiges vom Gleisdreieck in Richtung Innenstadt. Als Vorbereitung zum Weiterbau der Innenstadtstrecke bis zum Spittelmarkt wurde ein Bahnhof

Westlicher, am Potsdamer Platz gelegener Eingang zum U-Bahnhof Potsdamer Platz, 1946

Leipziger Platz unter demselben, der sich unmittelbar östlich an den Potsdamer Platz anschließt, errichtet und 1907 in Betrieb genommen. Der – seinerzeit noch nicht besonders alte – erste U-Bahnhof Potsdamer Platz wurde geschlossen und an seiner Stelle eine Kehranlage eingerichtet.

Östlicher, auf dem Leipziger Platz gelegener U-Bahn-Eingang, 2003

U-Bahnhof Potsdamer Platz (U2)

U2-Bahnsteig

Der mit einem (zweckmäßigeren) Mittelbahnsteig ausgestattete U-Bahnhof Leipziger Platz besaß einen Fußgängertunnel unter dem Platz hindurch bis zum *Warenhaus Wertheim* (der Tunnel existiert noch). Der Bahnhof wurde 1923 in *Potsdamer Platz* umbenannt und behielt diesen Namen bis heute.

Während der Teilung Berlins wurde die seit 1930 bis nach Pankow (Vinetastraße) führende Innenstadtstrecke unterbrochen. Da der Potsdamer Platz direkt unter den Grenzanlagen lag, konnte der U-Bahnhof weder vom westlichen noch vom östlichen Teilnetz genutzt werden. Eine Nutzung für das Westnetz lehnte der Senat noch 1961 ab. Er diente stattdessen als Abstellanlage der Ost-Berliner Linie A, die eine Station weiter (*Thälmannplatz* – später *Otto-Grotewohl-Straße*, heute wieder – wie schon bis 1950 – *Mohrenstraße*) endete. Erst 1993 wurden die beiden Hälften der seitdem U2 genannten Linie wieder vereinigt und der U-Bahnhof am Potsdamer Platz wieder in Betrieb genommen. Er ist der älteste weitgehend original erhaltene unterirdische U-Bahnhof in Berlin. Der U-Bahnhof steht unter Denkmalschutz.[12]

2009 wurde ein Aufzug in Betrieb genommen. Seitdem ist der Bahnhof barrierefrei.

U-Bahnhof Potsdamer Platz (U10)

Für eine langfristig geplante neue U-Bahn-Linie (Planungsname „U3"[10] , die Nummer wurde jedoch 2004 an eine andere Linie vergeben, daher ist der Planungsname jetzt wieder „U10"), die einmal von Weißensee bis zum Kurfürstendamm führen soll, wurde im Zuge der Bauarbeiten für den oben beschriebenen Regionalbahnhof bereits eine U-Bahn-Station im Rohbau errichtet. Es ist bereits der dritte Bahnhof dieser Phantomlinie, in der Endstation der U5 am Alexanderplatz sind schon seit 1930 zwei Gleise für sie reserviert und unter dem Adenauerplatz existiert der westliche Endbahnhof bereits im Rohbau. Es ist jedoch sehr ungewiss, ob die Linie jemals gebaut wird, da weder der Bedarf noch die Finanzierbarkeit erkennbar sind. Derzeit werden Bahnsteig und Teile des Tunnels in der Größe von 6500 m² für kulturelle Veranstaltungen zwischengenutzt.[13]

Die Haltestelle der Linie U3 soll in Querlage über dem Regionalbahnhof, auf halber Höhe zwischen Straßenniveau und Verteilerebene, entstehen.[10]

Anbindung

Der Bahnhof wird von mehreren Linien des Regionalverkehrs, der S-Bahn sowie der U2 bedient und bietet eine Umsteigemöglichkeit zu diversen Omnibuslinien der Berliner Verkehrsbetriebe.

Regionalverkehr

<table>
<tr><th>Linie</th><th colspan="3">Linienverlauf</th></tr>
<tr><td></td><td colspan="3">Leipzig – Berlin Potsdamer Platz – Neustrelitz – Güstrow – Rostock – Warnemünde</td></tr>
<tr><td></td><td colspan="3">Berlin Gesundbrunnen – Berlin Hauptbahnhof – Berlin Potsdamer Platz – Berlin Südkreuz – Magdeburg</td></tr>
<tr><td rowspan="2"></td><td colspan="2" rowspan="2">Elsterwerda – Wünsdorf-Waldstadt – Berlin Potsdamer Platz – Eberswalde – Angermünde –</td><td>Prenzlau – Greifswald – Stralsund</td></tr>
<tr><td>Schwedt/Oder</td></tr>
<tr><td></td><td colspan="3">Jüterbog – Ludwigsfelde – Berlin Potsdamer Platz – Nauen – Neustadt (Dosse) – Wittenberge – Schwerin – Wismar</td></tr>
<tr><td rowspan="2"></td><td>Lutherstadt Wittenberg –</td><td rowspan="2">Jüterbog – Ludwigsfelde – Berlin Potsdamer Platz – Oranienburg – Neustrelitz –</td><td>Güstrow – Rostock</td></tr>
<tr><td>Falkenberg (Elster) –</td><td>Neubrandenburg – Stralsund</td></tr>
</table>

Schnellbahnverkehr

Linie	Linienverlauf
S1	Oranienburg – Lehnitz – Borgsdorf – Birkenwerder – Hohen Neuendorf – Frohnau – Hermsdorf – Waidmannslust – Wittenau – Wilhelmsruh – Schönholz – Wollankstraße – Bornholmer Straße – Gesundbrunnen – Humboldthain – Nordbahnhof – Oranienburger Straße – Friedrichstraße – Brandenburger Tor – Potsdamer Platz – Anhalter Bahnhof – Yorckstraße (Großgörschenstraße) – Julius-Leber-Brücke – Schöneberg – Friedenau – Feuerbachstraße – Rathaus Steglitz – Botanischer Garten – Lichterfelde West – Sundgauer Straße – Zehlendorf – Mexikoplatz – Schlachtensee – Nikolassee – Wannsee
S2	Bernau – Bernau-Friedenstal – Zepernick – Röntgental – Buch – Karow – Blankenburg – Pankow-Heinersdorf – Pankow – Bornholmer Straße – Gesundbrunnen – Humboldthain – Nordbahnhof – Oranienburger Straße – Friedrichstraße – Brandenburger Tor – Potsdamer Platz – Anhalter Bahnhof – Yorckstraße – Südkreuz – Priesterweg – Attilastraße – Marienfelde – Buckower Chaussee – Schichauweg – Lichtenrade – Mahlow – Blankenfelde
S25	Hennigsdorf – Heiligensee – Schulzendorf – Tegel – Eichborndamm – Karl-Bonhoeffer-Nervenklinik – Alt-Reinickendorf – Schönholz – Wollankstraße – Bornholmer Straße – Gesundbrunnen – Humboldthain – Nordbahnhof – Oranienburger Straße – Friedrichstraße – Brandenburger Tor – Potsdamer Platz – Anhalter Bahnhof – Yorckstraße – Südkreuz – Priesterweg – Südende – Lankwitz – Lichterfelde Ost – Osdorfer Straße – Lichterfelde Süd – Teltow Stadt
U2	Pankow – Vinetastraße – Schönhauser Allee – Eberswalder Straße – Senefelderplatz – Rosa-Luxemburg-Platz – Alexanderplatz – Klosterstraße – Märkisches Museum – Spittelmarkt – Hausvogteiplatz – Stadtmitte – Mohrenstraße – Potsdamer Platz – Mendelssohn-Bartholdy-Park – Gleisdreieck – Bülowstraße – Nollendorfplatz – Wittenbergplatz – Zoologischer Garten – Ernst-Reuter-Platz – Deutsche Oper – Bismarckstraße – Sophie-Charlotte-Platz – Kaiserdamm – Theodor-Heuss-Platz – Neu-Westend – Olympia-Stadion – Ruhleben

Siehe auch

- Sonderzüge in den Tod. Ausstellung am Bahnhof Potsdamer Platz

Weblinks

- Führungen und Veranstaltungen unter dem Potsdamer Platz [14]
- Hochbahn in Berlin [15] (historische und aktuelle Darstellungen der Berliner Hoch- und Untergrundbahnhöfe auf dem Berliner Bildungsserver)
- Der alte Potsdamer Bahnhof [16]
- Bahnhof Potsdamer Platz bei stadtschnellbahn-berlin.de [17]

Einzelnachweise

[1] http://www.bahnhof.de/site/bahnhoefe/de/bahnhofssuche__deutschland/bahnhofssuche/bahnhofsdaten__filter,variant=details,recordId=5016.html
[2] http://toolserver.org/~geohack/geohack.php?pagename=Bahnhof_Berlin_Potsdamer_Platz&language=de¶ms=52.5094444444_N_13.3758333333_E_dim:2000_region:DE-BE_type:landmark&title=Berlin+Potsdamer+Platz
[3] Luise-Berlin: Chronik Berlins am 30. Dezember (http://www.luise-berlin.de/Kalender/Tag/Dez30.htm)
[4] Luise-Berlin: Berlin-Kalender (http://www.luise-berlin.de/Bms/BMSTEXT/9809KALA.HTM)
[5] *Gebietsaustausch* auf der Informationsseite des Landes Berlin (http://www.berlin.de/mauer/zahlen_fakten/gebietsaustausch/index.de.html)
[6] *Der erste Baum.* (http://www.berlinonline.de/berliner-zeitung/archiv/.bin/dump.fcgi/2009/0423/berlin/0064/index.html) In: *Berliner Zeitung* vom 23. April 2009
[7] Hany Azer: *Der Bau des Nord-Süd-Tunnels der Fernbahn in Berlin.* In: *Eisenbahntechnische Rundschau*, Heft 6/2002, S. 326–333.
[8] *Bahnhof Berlin-Potsdamer Platz.* In: *Renaissance der Bahnhöfe. Die Stadt im 21. Jahrhundert.* Vieweg Verlag, 1996, ISBN 3-528-08139-2, S. 92 f.
[9] Christian Tietze: „‚Schrumpfkonzept' für Berliner Fernbahnkreuz?" In: *Eisenbahn-Revue International*, Heft 11/2000, ISSN 1421-2811 (http://dispatch.opac.d-nb.de/DB=1.1/CMD?ACT=SRCHA&IKT=8&TRM=1421-2811), S. 524–527.
[10] Deutsche Bahn AG, Zentralbereich Konzernkommunikation (Hrsg.): *Zug um Zug zur Bahnstadt Berlin.* 16-seitige Broschüre mit Stand von September 1995, S. 12 f.
[11] Eintrag in der Berliner Landesdenkmalliste zum S-Bahnhof mit weiteren Informationen (http://www.stadtentwicklung.berlin.de/cgi-bin/hidaweb/getdoc.pl?DOK_TPL=lda_doc.tpl&KEY=obj 09020315)
[12] Eintrag in der Berliner Landesdenkmalliste zum U-Bahnhof mit weiteren Informationen (http://www.stadtentwicklung.berlin.de/cgi-bin/hidaweb/getdoc.pl?DOK_TPL=lda_doc.tpl&KEY=obj 09095936)
[13] Locationbeschreibung (http://b4event.de/locations/sonstige-locations/462-u3-bahnhof.html)
[14] http://www.u3-tunnel.de
[15] http://www.verkehrswerkstatt.de/hochbahn/
[16] http://www.potsdamer-platz.org/potsdamer_bahnhof.htm
[17] http://www.stadtschnellbahn-berlin.de/bahnhof/bahnhof.php?bhf=385

Berlin_Anhalter_Bahnhof

Der **Anhalter Bahnhof** ist ein ehemaliger Fernbahnhof in Berlin. Er liegt am Askanischen Platz, an der Stresemannstraße in Kreuzberg in der Nähe des Potsdamer Platzes. Er wurde als Kopfbahnhof direkt vor den Toren der Berliner Zollmauer angelegt. Heute erinnern nur noch die Portalruine und der unterirdische S-Bahnhof an den einst weithin berühmten Bahnhof. Im Volksmund wurde er kurz „Anhalter" oder „Das Tor zum Süden" genannt. Der Name des Bahnhofs bezieht sich auf die Provinz Anhalt, heute Teil des Bundeslandes Sachsen-Anhalt. Vor dem Ersten Weltkrieg war der Anhalter Bahnhof der wichtigste Fernbahnhof für die Eisenbahnverbindungen nach Österreich-Ungarn, Italien und Frankreich.

Anhalter Bahnhof mit Askanischem Platz um 1910

Der Anhalter Fernbahnhof und seine Strecken

Der Anhalter Bahnhof bildete den nördlichen Endpunkt der 1841 eröffneten Berlin-Anhaltischen Eisenbahn und war damals vor der Berliner Zollmauer, am Anhalter Tor, erbaut worden. Die Stammstrecke führte über Jüterbog, Wittenberg, Roßlau und Dessau nach Köthen, wo sie auf die bereits existierende Magdeburg-Leipziger Eisenbahn traf. Ab Jüterbog zweigte eine Strecke nach Röderau (an der Elbe, nördlich von Riesa) ab, die teilweise auch von den Zügen nach Dresden benutzt wurde.

Realisierter Entwurf von Franz Schwechten für die Südfassade mit den drei prägenden Rundbogen

Geschichte

Bau der Hallenkonstruktion um 1878

Der erste Anhalter Bahnhof wurde am 1. Juli 1841 eingeweiht. Aufgrund des stetig zunehmenden Bahnverkehrs konnte er bald seine Aufgaben nicht mehr erfüllen und musste nach mehreren Erweiterungen abgerissen werden, um dem 1880 eröffneten heute noch bekannten Neubau Platz zu machen.

Nach ersten Entwürfen erhielt der Berliner Architekt Franz Schwechten den Auftrag zum

Innenansicht des in Betrieb genommenen Anhalter Bahnhofs, 1881

Neubau des Bahnhofsgebäudes. Er plante eine imposante Bahnhofshalle mit quer davor angeordnetem Empfangsgebäude über einem rund sechs Meter hohen Sockelgeschoss. Das war notwendig, weil die Bahntrasse von Süden her über die Hochflächen des Teltow in die Stadt hereinlief und wenige Meter vor dem Bahnhof den Landwehrkanal und die Uferstraßen auf Brücken überquerte. Als Material verwendete Schwechten den Greppiner Klinker und eine Vielzahl unterschiedlicher Terrakotta-Formsteine. Legendär war die architektonische Gliederung der platzseitigen Hallenwand. Die korbbogenförmige Giebelwand wurde durch eine zweischalige Rundbogenreihe auf schmalen Pfeilern getragen. Die Hallenkonstruktion aus Fachwerk-Eisenbindern realisierte der als Schriftsteller bekannte Heinrich Seidel. Mit einer Höhe von 34 Metern und einer Binderlänge von 62 Metern besaß die Halle damals die größte Spannweite auf dem Kontinent. Die Bauzeit des technisch aufwändigen und komplizierten Bauwerks betrug sechs Jahre, von 1874 bis 1880. Der Neubau wurde als *Berlin-Anhaltischer Eisenbahnhof* am 15. Juni 1880 von Kaiser Wilhelm I. und Otto von Bismarck feierlich eingeweiht.

Ab 1882 fuhren vom Anhalter Bahnhof auch die Züge der Dresdener Bahn ab, weil sich der Betriebsablauf bei wachsendem Verkehr durch die Kreuzung der beiden Bahntrassen zunehmend erschwerte.

Auf dem Anhalter Bahnhof fanden große Staatsempfänge statt, wenn Kaiser Wilhelm II. ausländische Staatsgäste empfing.

Vom Anhalter Bahnhof aus verliefen die Eisenbahnstrecken nach Halle (Saale), Leipzig, Frankfurt am Main und München über die Anhalter Bahn sowie nach Dresden über die Dresdner Bahn. Der Anhalter Bahnhof verband Berlin mit Wien, Budapest, Triest, Marienbad, Karlsbad (in Österreich-Ungarn), mit Rom, Mailand, Genua, Venedig, Marseille, Nizza, Cannes und Athen. Sogar eine Direktverbindung nach Neapel existierte. Ferner war er auch ein möglicher Ausgangspunkt für Afrikareisen, denn die Züge von Berlin nach Triest und nach Neapel hatten einen Schiffsanschluss nach Alexandria in Ägypten, wo wiederum ein Zuganschluss nach Kairo und Khartum bestand. Neben D-Zügen und Eilzügen der Deutschen Reichsbahn verkehrten hier auch die Luxuszüge der ISG. Während des Ersten Weltkriegs hatte der Balkanzug nach Istanbul seinen Ausgangspunkt im Anhalter Bahnhof.

Seit 1928 war der Bahnhof durch den „längsten Hoteltunnel der Welt“ auf direktem Weg mit dem Hotel Excelsior verbunden. Unter der Königgrätzer Straße, der heutigen Stresemannstraße, befanden sich fünf Verkaufsräume.

Stele zum Gedenken an die Judendeportationen

Ab Juni 1942 erfolgten Judendeportationen auch vom Anhalter Personenbahnhof. Es handelte sich hierbei um sogenannte „Alterstransporte“, mit denen Berliner Juden in das KZ Theresienstadt gebracht wurden. Die Transporte fanden in der Regel morgens mit planmäßigen Zügen statt, an die ein bis zwei Personenwagen dritter Klasse angehängt wurden. Insgesamt wurden vom Anhalter Personenbahnhof in 116 Zügen über 9600 Menschen deportiert. Weitere Deportationen erfolgten vom Bahnhof Grunewald und vom Güterbahnhof Moabit. Insgesamt wurden über 50.000 Juden aus Berlin verschleppt. Seit dem 27. Januar 2008 erinnert eine Stele hinter der Portalruine an die Judendeportationen vom Anhalter Bahnhof.[1]

Nachdem das Bahnhofsgebäude am 3. Februar 1945 durch Bombenangriffe schwer beschädigt worden und ausgebrannt war, wurde es nur enttrümmert und notdürftig betriebsfähig gemacht. Die vier Hallenwände standen noch und wurden in einer Schadenskarte als wiederaufbaufähig eingestuft. Die eingestürzte Stahlkonstruktion des Hallendaches wurde zerschnitten und entfernt.

Nach dem Zweiten Weltkrieg befand sich der Anhalter Bahnhof durch die nun erfolgte Sektorenbildung im Westteil Berlins. Der Zugverkehr beschränkte sich aus betrieblichen, aber vor allem aus politischen Gründen auf wenige Fern- und Personenzüge in die Sowjetische Besatzungszone/Deutsche Demokratische Republik. Ab 1951 verkehrten hier nur noch wenige Nahverkehrszüge nach Brandenburg und Sachsen-Anhalt. Im gleichen Jahr wurde die S-Bahn von Lichterfelde Süd zum neuen Endbahnhof Teltow/Anhalter Bahn verlängert, der gleichzeitig neuer Endpunkt für die meisten weiterführenden Nahverkehrszüge auf der Anhalter Bahn wurde. Der Vorortverkehr zwischen Anhalter Bahnhof und Teltow wurde eingestellt. Die verkehrliche Bedeutung des Anhalter Bahnhofs nahm stetig ab.

Im Vorfeld von Absperrmaßnahmen der DDR zur Isolierung des Westteils Berlins und nach dem Neubau des südlichen Außenrings um West-Berlin herum wurde der Zugverkehr zum Anhalter Fernbahnhof ab dem 18. Mai 1952 endgültig eingestellt. Die Anlagen waren nun dem Verfall preisgegeben.

Ruine des Anhalter Bahnhofs, 1951

Fragment des Bahnhofsportikus im Jahr 2005

Rückseite des Portikusfragments im August 2009

Blick vom Gleisvorfeld in die Halle, 1955

Innenseite der nördlichen Hallenstirnwand, 1955

Trotz starken Widerstandes der Fachwelt und der Architekten- und Baukammern sollte das seit den 1930er-Jahren unter Denkmalschutz stehende Bahnhofsgebäude auf Betreiben das damaligen Bausenators Rolf Schwedler zum Abbruch freigegeben werden. Begründet wurde der Abriss teilweise mit der Notwendigkeit zum Neubau eines größeren Bahnhofes an gleicher Stelle, für den es bereits Architektenentwürfe gab, und mit der Einsturzgefahr der freistehenden Hallenwände. Der Abriss erwies sich aufgrund des sehr stabilen und harten Mauerwerksverbandes jedoch als derart schwieriges Unterfangen, dass mehrere Abrissfirmen sich wirtschaftlich verkalkulierten und in der Folge Konkurs anmelden mussten. Die Terrakotta-Formteile des Kaiserportals wurden gesichert und später im Eingangsbereich der Eisenbahnabteilung des Deutschen Technikmuseums Berlin wieder aufgebaut.

Figuren auf dem Portikus: *Nacht* und *Tag*, jetzt im Deutschen Technikmuseum Berlin

Nach der Sprengung der Halle 1959, veranlasst durch den Westberliner Senat, blieb nur noch der Portikus mit einem Teil der überdachten gemauerten Vorfahrt stehen. Bürgerproteste verhinderten den Abbruch des übriggebliebenen Torsos. Er blieb als Erinnerung an den bekannten Berliner Bahnhofsbau stehen. Die beiden Figuren von Ludwig Brunow zu beiden Seiten der ehemaligen Uhr oberhalb des Eingangsportals symbolisieren den Tag (in die Ferne schauend) und die Nacht (die Augen geschlossen). Von 2003 bis 2005 wurde die Portikusruine saniert und gesichert. Die verrostete eiserne Tragstruktur im Inneren der Figuren *Tag und Nacht* war nicht mehr restaurierbar, weshalb die beiden Plastiken 2004 durch Kopien aus Bronzeguss ersetzt wurden. Die Originale befinden sich seitdem im Deutschen Technikmuseum Berlin.

Die Seitenwände der ehemaligen Bahnhofshalle wurden durch die Anpflanzung langstieliger Eichen markiert, in deren Mittelteil Ballspielfelder eingerichtet wurden. Nach der Entwidmung des Bahngeländes wurde 2002 unmittelbar neben den Fundamenten des ehemaligen Südportals die Veranstaltungsstätte Tempodrom nach Plänen des Architekturbüros Gerkan, Marg und Partner als „festes Zelt“ errichtet. Im Untergeschoss befindet sich der Wellnesstempel *Liquidrom*.

Überreste der Bahnsteige

Den Gleisfächer der Bahnhofseinfahrt auf dem Hochplateau hat seit der Stilllegung des Bahnbetriebes die Natur zurückerobert. Teilweise waren noch die alten Bahnsteige zwischen den Bäumen auszumachen. Die Spontanvegetation wird derzeit zu einer innerstädtischen Parkanlage mit Anbindung an das Technikmuseum über den Anhalter Steg umgebaut. Dabei werden die Bahnsteigkanten zum Teil wieder aufgemauert.

Brücken der Hochbahn und der Anhalter Bahn über den Landwehrkanal um 1900

Die Brücken über den Landwehrkanal wurden oft als besondere technische Meisterleistung auf Postkarten abgebildet. An dieser Stelle kreuzten sich auf sechs Ebenen die Verkehrswege: unten der Tunnel der Nord-Süd-S-Bahn (ab 1939), oben der Landwehrkanal, die begleitenden Kanaluferstraßen, die Fernbahnbrücke, die Brücke der Hochbahn (ab 1902) und schließlich der Luftverkehr, der oft mit einem Luftschiff dargestellt wurde. Genau an dieser Stelle ereignete sich Anfang Mai 1945 die Sprengung der Decke des Nord-Süd-Tunnels, die den gesamten Tunnel überflutete.

Modell des Anhalter Bahnhofs und Güterbahnhofs (im Hintergrund) im DTMB

Die vier Bahnbrücken der Anhalter Bahn wurden in den 1960er-Jahren abgebrochen, die Brückenwiderlager standen noch einige Jahre. Im Jahr 2001 wurde an dieser Stelle mit dem Anhalter Steg eine Fußgängerbrücke errichtet, die die Parkanlage mit dem Gelände des Deutschen Technikmuseum Berlin (DTMB) verbindet. An den Brückenwiderlagern sind mit großen Steinbuchstaben die Worte „BERLIN" und „ANHALT" angebracht.

Das Deutsche Technikmuseum Berlin, das sich zu großen Teilen auf dem Gelände des ehemaligen Bahnbetriebswerks des Anhalter Bahnhofs befindet, zeigt ein umfangreiches Modell des Anhalter Bahnhofs im Zustand von 1939, einschließlich des Güterbahnhofs und des Bahnbetriebswerks sowie einiger umliegender Gebäude. Das Modell im Maßstab 1:87 (H0) lässt das Ausmaß der ehemaligen Gleisanlagen erahnen.

S-Bahnhof

Eröffnung des Tunnelbahnhofs der S-Bahn

Nach der Fertigstellung des Nord-Süd-Tunnels wurde am 9. Oktober 1939 der unterirdische S-Bahnhof Anhalter Bahnhof, der nach Plänen des Reichsbahnarchitekten Richard Brademann entstand, eröffnet. Er nimmt die aus Richtung Süden (Südkreuz und Schöneberg) fahrenden Züge am östlichen Bahnsteig, die aus dem Nord-Süd-Tunnel kommenden Züge am westlichen Bahnsteig auf. Mit der Bahnhofsanlage wurde am nördlichen Bahnhofskopf auch ein unterirdisches Überführungsbauwerk für die damals geplante Ost-West-S-Bahn zum Görlitzer Bahnhof errichtet. Die hierfür vorgesehene Bahnsteigkante 1 (geplant vom Görlitzer Bahnhof kommend) erhielt erst 1986 von der BVG ein Stumpfgleis, um Baufahrzeuge oder andere Fahrzeuge abstellen zu können.

Die Inbetriebnahme der Streckenäste am unterirdischen S-Bahnhof Anhalter Bahnhof:

- 9. Oktober 1939: Die Strecke nach Wannsee wird in Betrieb genommen.
- 6. November 1939: Die Strecke nach Papestraße (Südkreuz) wird in Betrieb genommen.
- 19. Dezember 1940: Ein Übergang zwischen Untergrundbahnhof und Anhalter Fernbahnhof wird in Betrieb genommen.

Der Entwurf Richard Brademanns weist trotz der Entstehungszeit in den 1930er-Jahren moderne Züge auf. Der unterirdische Bahnhof ist als eine vierschiffige Halle mit flacher Decke ausgeführt. Die quadratischen Stahlstützen sind in drei Reihen, jeweils an den Bahnsteigsmittelachsen sowie zwischen den inneren Gleisen angeordnet. Die Seitenwände wurden mit weißem Opakglas bekleidet (Plattenformat 53 × 32 cm), die Stützen mit grünen Glasplatten. Insgesamt wurde in der Halle etwa 4000 m² Glasfläche eingebaut.

Nachkriegszeit

Durch die Sprengung der Tunneldecke in Höhe des Landwehrkanals im Mai 1945 war der Nord-Süd-Tunnel überflutet und der S-Bahn-Betrieb musste bis zum 2. Juni 1946 eingestellt werden. Die S-Bahn-Züge endeten vorübergehend am Potsdamer Ringbahnhof. Nach der Reparatur mehrerer Schadstellen im S-Bahn-Tunnel fuhren die Züge aus Richtung Friedrichstraße wieder in den unterirdischen Anhalter Bahnhof ein.

Zeitfolge der Wiederinbetriebnahme des unterirdischen S-Bahnhofs Anhalter Bahnhof nach Kriegsende:

- 27. Juli: Die Züge nach Wannsee fahren wieder
- 15. August: Die Züge nach Lichterfelde Süd fahren wieder
- 21. September: Die Züge nach Rangsdorf fahren wieder
- 15. November 1947: Der durchgehende Betrieb im Nord-Süd-Tunnel wird wieder aufgenommen.

Übernahme des S-Bahn-Betriebs durch die BVG

Als am 9. Januar 1984 die BVG die Betriebsrechte der S-Bahn für West-Berlin von der Reichsbahn übernommen hatte, wurde der S-Bahnhof für die Züge aus Lichtenrade wieder zur Endstation. Nach heftigen Bürgerprotesten, die die Wiederaufnahme des S-Bahn-Betriebes in Berlin forderten und vom Berliner Fahrgastverband IGEB unterstützt worden waren, wurde der Betrieb ab dem 1. Mai über Friedrichstraße bis Gesundbrunnen wieder aufgenommen.

Am 1. Februar 1985 wurde der S-Bahnverkehr von Anhalter Bahnhof nach Wannsee wiedereröffnet. Für Überführungsfahrten zum Betriebswerk Wannsee war die Wannseebahn noch benutzt worden, als diese Strecke nach dem Berliner S-Bahnstreik 1980 stillgelegt war.

Seit dem 28. Mai 1995 verkehrt die S-Bahn wieder zwischen Lichterfelde Ost und Anhalter Bahnhof. 2005 ist die Strecke über Lichterfelde Süd nach Teltow Stadt verlängert worden.

Sanierung des S-Bahnhofs

Mitte der 1950er-Jahre erfolgte eine Grundreparatur des S-Bahnhofs. Die Wände wurden neu gefliest, die Decke gestrichen und die Beleuchtung erneuert. Am 18. August 1991 wurde der Bahnhof erneut zum Endbahnhof, weil der Nord-Süd-Tunnel substanziell und durchgreifend saniert werden musste. Die Wiederinbetriebnahme des S-Bahn-Tunnels erfolgte am 1. März 1992.

Der S-Bahnhof 2008 nach der Sanierung

Am 10. August 2004 brannte ein Triebwagen der Baureihe 480 (inzwischen genannt *Toaster*) der Berliner S-Bahn im Gleis 2 des Anhalter Bahnhofs völlig aus. Durch das Eingreifen des Triebwagenführers, des Bahnhofspersonals und eines mitreisenden freiwilligen Feuerwehrmanns konnten alle Fahrgäste in Sicherheit gebracht und eine Katastrophe verhindert werden.

Als Konsequenz aus diesem Vorfall verlängerte die Deutsche Bahn die bereits bestehenden Treppenanlagen am Südende der Bahnsteige durch eine Treppenanlage ins freie Gelände vor dem Bau des Tempodroms. Der Bahnhof wurde bis zum 23. Dezember 2004 für Aufräumarbeiten geschlossen, die S-Bahnen fuhren ohne Halt durch. Nach dem Einbau von Brandschutzverkleidungen wurde der Richtungsbahnsteig nach Norden wieder für den Verkehr geöffnet. Die Arbeiten auf dem südlichen Richtungsbahnsteig zogen sich weitere zwölf Monate hin.

Der Bahnhof konnte 16 Monate nach dem Brand am 20. Dezember 2005 wieder komplett in Betrieb genommen werden. Die ursprünglichen Pläne, die Sanierung bis zum Juli 2005 abzuschließen, waren wegen der Insolvenz des federführenden Planungsbüros ins Stocken geraten.

Ab Frühjahr 2007 wurde die Deckenverkleidung eingebaut und der Eingangsbereich instand gesetzt. Nach Angaben der Bahn beliefen sich die Kosten für die Brandschutztechnik auf 2,5 Mio. Euro; 1,5 Mio. Euro entfielen auf die etwa 5000 m² große Decke, sowie 510.000 Euro für den neuen Ausgang zum Tempodrom.[2]

Triebwagen der DBAG-Baureihe 481 auf der Linie S 2 im Anhalter Bahnhof auf dem Weg nach Buch

Linie	Verlauf
S1	Oranienburg – Lehnitz – Borgsdorf – Birkenwerder – Hohen Neuendorf – Frohnau – Hermsdorf – Waidmannslust – Wittenau – Wilhelmsruh – Schönholz – Wollankstraße – Bornholmer Straße – Gesundbrunnen – Humboldthain – Nordbahnhof – Oranienburger Straße – Friedrichstraße – Brandenburger Tor – Potsdamer Platz – Anhalter Bahnhof – Yorckstraße (Großgörschenstraße) – Julius-Leber-Brücke – Schöneberg – Friedenau – Feuerbachstraße – Rathaus Steglitz – Botanischer Garten – Lichterfelde West – Sundgauer Straße – Zehlendorf – Mexikoplatz – Schlachtensee – Nikolassee – Wannsee
S2	Bernau – Bernau-Friedenstal – Zepernick – Röntgental – Buch – Karow – Blankenburg – Pankow-Heinersdorf – Pankow – Bornholmer Straße – Gesundbrunnen – Humboldthain – Nordbahnhof – Oranienburger Straße – Friedrichstraße – Brandenburger Tor – Potsdamer Platz – Anhalter Bahnhof – Yorckstraße – Südkreuz – Priesterweg – Attilastraße – Marienfelde – Buckower Chaussee – Schichauweg – Lichtenrade – Mahlow – Blankenfelde
S25	Hennigsdorf – Heiligensee – Schulzendorf – Tegel – Eichborndamm – Karl-Bonhoeffer-Nervenklinik – Alt-Reinickendorf – Schönholz – Wollankstraße – Bornholmer Straße – Gesundbrunnen – Humboldthain – Nordbahnhof – Oranienburger Straße – Friedrichstraße – Brandenburger Tor – Potsdamer Platz – Anhalter Bahnhof – Yorckstraße – Südkreuz – Priesterweg – Südende – Lankwitz – Lichterfelde Ost – Osdorfer Straße – Lichterfelde Süd – Teltow Stadt

Güterbahnhofsgelände

Lage im Stadtgebiet

Das Gelände des *Anhalter Güterbahnhofs* befand sich südlich des Fernbahnhofs auf einem Areal, das im Westen vom Potsdamer Güterbahnhof, im Norden vom Gleisdreieck und dem Landwehrkanal, im Osten von der Möckernstraße und im Süden von der Yorckstraße begrenzt wird.

Aufriss des Güterbahnhofs von Franz Schwechten

Zusammen mit dem Potsdamer Güterbahnhof bildet dieses große Gebiet eine innerstädtische Zäsur, ähnlich wie der ehemalige Flughafen Berlin-Tempelhof. Das Gebiet hat eine maximale Ausdehnung von 800 Metern in Ost-West-Richtung sowie 800 bis 1200 Meter in Nord-Süd-Richtung. Ursprünglich hatte James Hobrecht mit seinem Bebauungsplan 1862 zwischen Kreuzberg und Charlottenburg einen geradlinigen Boulevard, den sogenannten „Generalszug“ nach Pariser Vorbild im Verlauf der Bülow- und

Gneisenaustraße anlegen wollen. Die rasante Ausdehnung der Bahnanlagen südlich des Landwehrkanals in den 1870er- und 1880er-Jahren erforderten eine Änderung dieser Pläne. Die Bahnanlagen mussten durch die Anlage der Yorckstraße rund 400 Meter weiter südlich umfahren werden. Auch hier war es noch notwendig, rund 45 stählerne Eisenbahnbrücken auf einer Länge von rund 500 Metern zu bauen, die auf den bekannten gusseisernen Hartungschen Säulen mit ihren typischen Kapitellen abgestützt waren. Noch heute spricht man von den „Yorckbrücken", wenn man diesen Abschnitt der Yorckstraße beschreiben will. Die „Hochlegung" der Anhalter Bahn und die Errichtung der Yorckbrücken erfolgte parallel zum Bau des neuen Anhalter Bahnhofs, der 1880 eröffnet wurde.

Östlicher Kopfbau des Güterbahnhofs heute

Güterbahnhof

Die Berlin-Anhaltische Eisenbahn-Gesellschaft ließ die Gebäude des Anhalter Güterbahnhofs in den Jahren von 1871 bis 1874 ebenfalls nach den Plänen des Architekten Franz Schwechten errichten, der auch den Fernbahnhof entworfen hatte. Die beiden dreigeschossigen Kopfbauten nördlich vor den beiden ungefähr 320 Meter langen Lager- und Versandspeichern waren durch einen brückenartigen Verbindungsbau auf drei großen gemauerten Bögen mit Verbindungsgang verbunden. Formsteine und Terrakotten gestalteten wie beim Fernbahnhof die Klinkerfassade – der geringeren Bedeutung des Güterbahnhofs entsprechend weniger zahlreich und weniger aufwendig.

Im Zweiten Weltkrieg wurden die Anlagen erheblich beschädigt. Die Ruine des westlichen Kopfbaus war bis 1959 bereits abgebrochen und der Verbindungsbau verschwand 1963 bei der Verlängerung der U-Bahn-Linie 7 zwischen den U-Bahnhöfen Möckernbrücke und Yorckstraße. Als Torso der ehemals symmetrischen Anlage ist der östliche Kopfbau erhalten.

Noch bis Ende der 1980er-Jahre wurden wenige Gleise des Güterbahnhofes genutzt, danach lag das Gelände brach und verwilderte. Noch heute erinnern unter anderem die zahlreichen *Yorckbrücken* über der Yorckstraße an die Zeit des für Berlin sehr wichtigen Güterbahnhofs.

Nachdem das Technikmuseum das Kopfgebäude zum *Spektrum* umbauen ließ, und die Laderampen und Schuppen zukünftig für die Automobilsammlung und andere moderne Themen genutzt werden sollen, wurde auch der Wiederaufbau bzw. Neubau eines zweiten Kopfgebäudes an der Stelle des ehemaligen Zwillingsbauwerks mit Verbindungsbrücke zum Spektrum erwogen. Anfang September 2009 lud das Deutsche Technikmuseum zu einem Tag der offenen Tür in die ehemalige Ladestraße ein, um auf den Start der Sanierung eines ersten Abschnittes der östlichen Speicherhallen aufmerksam zu machen.

Zwischen 2001 und 2007 gastierte das Erlebnisrestaurant *Pomp, Duck & Circumstance* auf einem Teil im Zentrum des Geländes, dieser Bereich ist inzwischen geräumt.

Nachdem 2006 ein landschaftsplanerischer Wettbewerb für das sogenannte „Südgelände" ausgeschrieben und entschieden worden war, wird das Gelände des ehemaligen Anhalter sowie des Potsdamer Güterbahnhofs seit dem 26. August 2006 in die 26 Hektar große Parkanlage *Park am Gleisdreieck* umgestaltet. Dabei wird auch eine fußläufige Querverbindung zwischen Hornstraße und Bülowstraße im Verlauf des ursprünglich geplanten Generalszuges hergestellt. Der Ostteil des Parks wurde am 2. September 2011 eröffnet.

Bahnbetriebswerk „Bw Berlin Ahb"

Auf dem Gelände des Güterbahnhofes, unmittelbar südlich der Landwehrkanals westlich der Ferngleise, befand sich das Bahnbetriebswerk *Bw Berlin Ahb*. Es war für die Bespannung der Fernzüge der Anhalter und der Dresdner Bahn zuständig. Die Anlage bestand aus zwei Drehscheiben mit Ringlokschuppen und Nebengebäuden und wurde bis zum Beginn des Zweiten Weltkriegs ständig erweitert, um die immer größer werdenden Lokomotiven unterbringen und versorgen zu können. So mussten die Schuppenstände mehrfach verlängert und die Drehscheiben vergrößert werden.

Im *Bw Berlin Ahb* waren immer relativ leistungsfähige und moderne Lokomotiven zu sehen. Zahlreiche Lokomotiven der bekannten Schnellzuglokbaureihen BR 17 und BR 01 sowie der schweren vierfach gekuppelten Personenzuglokomotive BR 39 waren hier stationiert. Andere Schnellzuglokomotiven aus anderen Heimat-Bahnbetriebswerken und Bahndirektionen (z. B. die sächsische BR 18.0 oder die BR 03) kamen hier regelmäßig an und wurden auf ihre Rückfahrt vorbereitet. Ab 1936 verkehrten hier auch die stromlinienverkleideten Dampflokomotiven der BR 61 mit dem Henschel-Wegmann-Zug, der zwischen Berlin und Dresden mit einer Fahrzeit von 100 Minuten verkehrte.

Die Züge des Vorortverkehrs der Anhalter und Dresdner Bahn (nach Teltow und Ludwigsfelde sowie nach Zossen) begannen nicht im Anhalter Bahnhof, sondern im Potsdamer Ring- und Vorortbahnhof. Die Lokomotiven hierfür wurden vom *Bw Berlin Pog* (auf dem Potsdamer Güterbahnhof) bereitgestellt. Am Anhalter Bahnhof setzten jedoch auch beschleunigte Personenzüge und Eilzüge in Richtung Jüterbog, Lutherstadt Wittenberg, Halle, Leipzig und Dresden ein, die oft mit der preußischen P 8 (BR 38.10) bespannt waren.

In der Mitte der 1930er-Jahre wurden für die neuen Schnellverkehrstriebwagen (SVT) Hallen südlich der Yorckstraße bzw. an der Monumentenstraße umgebaut oder neu gebaut. Die Hallen an der Monumentenstraße beherbergen heute die Nahverkehrssammlung des Deutschen Technik Museums.

Nutzung durch das Deutsche Technikmuseum Berlin

1982 eröffnete im nördlichen Teil des Geländes sowie auf dem angrenzenden Gelände des ehemaligen Bahnbetriebswerks des Anhalter Bahnhofs das Deutsche Technikmuseum Berlin. Die beiden Ringlokschuppen des Bw Ahb wurden – bis auf drei Gleissegmente, die im verfallenen Zustand mit der Ruderalvegetation belassen wurden – wiederaufgebaut und beherbergen die öffentlich zugängliche Schienenverkehrssammlung des Museums. Weitere Schienenfahrzeuge und die Kommunalverkehrssammlung werden in der Monumentenhalle (der ehemaligen SVT-Halle) aufbewahrt und sind dort nur an den Septemberwochenenden zugänglich. An diesen Tagen findet ein Eisenbahnpendelverkehr zwischen dem alten Bahnbetriebswerk und der Monumentenhalle mit historischen Wagen statt.

Im Gebäude hinter den beiden Ringlokschuppen – dem ehemaligen Beamtenwohnhaus – sowie im alten Gebäude an der Trebbiner Straße sind andere Abteilungen des Museums untergebracht. An der Einmündung der Trebbiner Straße zur Kanaluferstraße, unweit des Anhalter Steges, wurde ein Museumsneubau für die Themen Luftfahrt und Schifffahrt errichtet. Hier ist als Blickfang ein „Rosinenbomber" vom Typ C 47 (militärische Version der DC 3) über dem Gebäude aufgehängt. In den östlichen Kopfbau des Güterbahnhofs zog das *Spectrum*, das Science Center des Deutschen Technikmuseums Berlin, ein.

Im Freigelände östlich des alten Bahnbetriebswerkes wurde der Museumspark eingerichtet. Neben der Aufstellung einzelner Exponate, insbesondere einiger historischer Windmühlen wurden die Reste der Bahnanlagen und die Ruderalvegetation belassen.

La Tortuga

1987/1988 wurde vom Aktionskünstler Wolf Vostell vor dem Bahnhof die auf dem Kopf stehende Lok 52 2751 als Skulptur aufgestellt.[3] Die Lok sollte als Mahnmal auf den Missbrauch von Industrie und Technik für den Krieg hinweisen und stellte auch ein Symbol für den Niedergang alter Industriezweige dar. 1991 gelangte die Skulptur zum Theater Marl.[4]

Siehe auch

- Preußische Staatseisenbahnen
- Liste der Bahnhöfe im Raum Berlin

Literatur

- Rainer Knothe: *Anhalter Bahnhof – Entwicklung und Betrieb.* EK-Verlag, Freiburg 1997. ISBN 3-88255-681-1.
- Helmut Maier: *Berlin Anhalter Bahnhof.* Ästhetik und Kommunikation, Berlin 1984. ISBN 3-88245-108-4.
- Alfred Gottwaldt: *Berlin – Anhalter Bahnhof.* Alba, Düsseldorf 1986. ISBN 3-87094-226-6.
- Peter Kliem, Klaus Noack: *Berlin Anhalter Bahnhof.* Ullstein, Berlin 1984. ISBN 3-550-07964-8.

Weblinks

- Ruine des Portikus des Anhalter Bahnhofes [5] - Einträge in der Berliner Landesdenkmalliste
- Berlin Anhalter Bahnhof bei stadtschnellbahn-berlin.de [6]
- Das „Tor zur Welt" – Der Anhalter Bahnhof [7]
- „Der größte Hoteltunnel der Welt" vom Anhalter Bahnhof zum Hotel Excelsior [8]

Einzelnachweise

[1] Pressemitteilung Nr. 08/2008 des Bezirks Friedrichshain-Kreuzberg vom 24. Januar 2008 Öffentliche Übergabe von zwei Gedenktafeln der Berliner Designerin Helga Lieser:»Gedenken an die Deportationen nach Theresienstadt« und »Wieland Herzfelde und der Malik-Verlag« (http://www.berlin.de/ba-friedrichshain-kreuzberg/aktuelles/pressemitteilungen/archiv/20080124.1310.92683.html)

[2] „Dauerbaustelle Anhalter Bahnhof" (http://www.welt.de/data/2006/12/01/1130506.html) in *DIE WELT* vom 1. Dezember 2006

[3] Gerd Böhmer: *Berlin im November 1989.* (http://www.gerdboehmer-berlinereisenbahnarchiv.de/Bildergalerien/19891111-bln/19891111-893517-30.html) Abgerufen am 1. April 2010 (html, deutsch).

[4] Susanne Schäfer: *La Tortuga.* (http://www.cachefieber.de) 30. Januar 2008, abgerufen am 1. April 2010 (html, deutsch).

[5] http://www.stadtentwicklung.berlin.de/cgi-bin/hidaweb/getdoc.pl?DOK_TPL=lda_doc.tpl&KEY=obj%2009031114

[6] http://www.stadtschnellbahn-berlin.de/bahnhof/bahnhof.php?bhf=108

[7] http://www.monumente-online.de/07/03/streiflichter/06_Anhalter_Bahnhof.php

[8] http://www.potsdamer-platz.org/excelsior.htm

Koordinaten: 52° 30′ 11″ N, 13° 22′ 55″ O

Königlich-Westfälische_Eisenbahn-Gesellschaft

Die **Königlich-Westfälische Eisenbahn** war die dritte Staatsbahn, die der preußische Staat finanzierte und die damit den Grundstock der Preußischen Staatseisenbahnen bildete. Das Streckennetz umfasste letztlich etwa 315 km von Rheine über Hamm nach Warburg und von Welver bei Hamm nach Oberhausen.

Die Strecken der Königlich-Westfälischen Eisenbahn (blau)

Geschichte

Die staatliche Westfälische Eisenbahn sollte zunächst nur die 32 km lange Lücke Hamm–Lippstadt zwischen der 1848 eröffneten Strecke der Münster-Hammer Eisenbahn und der zur selben Zeit im Bau befindlichen Strecke der *Köln-Minden-Thüringischen Verbindungs-Eisenbahn-Gesellschaft* (KMTVEG) schließen. Letztere Gesellschaft ging jedoch bereits 1848 in Konkurs, und der Preußische Staat übernahm den Weiterbau und später auch den Betrieb.

Ursache des Konkurses der KMTVEG waren Schwierigkeiten beim Bau eines Tunnels, der unvollendet blieb: Sie hatte zur Vermeidung der Überbrückung des Tales bei Altenbeken eine völlig andere Linienführung konzipiert, die bei Willebadessen den Hauptkamm des Eggegebirges in einem 600 m langen Tunnel unterfahren sollte. Die Überreste der Baustelle sind seit mehr als 150 Jahren sichtbar, der Name des Ortes dieser frühen Investitionsruine ist „Alte Eisenbahn".

Die Stammstrecke der Westfälischen Eisenbahn verlief von Hamm über Soest, Lippstadt, Paderborn und Altenbeken nach Warburg. Sie wurde am 4. Oktober 1850 bis Paderborn und am 21. Juni 1853 bis Warburg eröffnet. Die Strecke überquerte als erste westdeutsche Eisenbahn ein Mittelgebirge. Der Altenbekener Viadukt ist ein frühes Denkmal der Eisenbahngeschichte.

Nach Übernahme der Münster-Hammer Eisenbahn 1855 kam deren Strecke hinzu. Sie wurde 1856 bis Rheine weitergeführt. Von Rheine aus bestand mit der Hannöverschen Staatseisenbahn eine Verbindung zu den deutschen Häfen an der Nordsee. Diese für das damalige Preußen wegen der hohen Zölle der holländischen Rheinhäfen sehr wichtige Verbindung gelangte nach der Annexion von Hannover 1866 ebenfalls in preußische Hand und wurde zwei Jahre später an die Westfälische Eisenbahn übergeben.

Vom Bahnhof Welver zwischen Hamm und Soest wurde 1876 eine schnurgerade Strecke über Unna-Königsborn nach Dortmund Südbahnhof gebaut, die in Kooperation mit der Rheinischen Eisenbahn-Gesellschaft betrieben wurde. Obwohl die Strecke 1879 weiter Richtung Westen als Emschertalbahn über Dorstfeld, Bodelschwingh, Mengede, Herne, Gelsenkirchen, Horst nach Osterfeld WfE verlängert wurde, konnte der Betrieb auf diesem Abschnitt nicht wirtschaftlich fortgeführt werden.

Streckennetz

Streckennetz der KWE

Eröffnung	Länge in km	Verlauf	Bemerkung
1. Oktober 1850	76,1	Hamm–Paderborn	
28. März 1851	4,6	Warburg–Haueda	laut [1] verpachtet
22. Juli 1853	54,5	Paderborn–Warburg	laut [1] von der Köln-Mindener Verbindungsbahn übernommen laut [2] mit anderer Streckenführung bereits 1850 vom preußischen Staat gebaut
7. Mai 1855	34,9	Münster–Hamm	Übernahme der Münster-Hammer Eisenbahn-Gesellschaft
27. Juni 1856	39,0	Münster–Rheine	
1. Oktober 1864	41,4	Altenbeken–Höxter	
10. Oktober 1865	7,4	Höxter–Holzminden	Anschluss an die Herzoglich Braunschweigische Staatseisenbahn Braunschweigische Südbahn) nach Kreiensen – Jerxheim – Magdeburg
1. Januar 1868	178,4	Emden–Salzbergen/Rheine	laut [1] Übernahme des Abschnitts Emden–Rheine, der „Hannoverschen Westbahn" der vormals Königlich Hannöverschen Staatseisenbahnen laut [3] erfolgte am 1. Mai 1867 „durch Tausch" die Übernahme des Abschnitts Emden–Salzbergen an die „Königliche Direction der Westfälischen Eisenbahn"; ab 1. April 1881 sei die Verbindung Emden–Münster zur „Königlichen Eisenbahn-Direction Cöln (rechtsrh.)" zugeordnet, offizielle Bezeichnung der Strecke sei „Westfälische Eisenbahn (Emden–Soest) im Bezirk der Kgl. Eisenbahndirektion Cöln (rechtsrh.)"
30. September 1875	60,3	Münster–Enschede	nach [1] „im Betrieb der Königl. Westf. EB"
15. Mai 1876	35,8	Welver–Dortmund KWE	
15. Januar 1878	64,0	Ottbergen–Northeim	
Sommer 1878	80	Emden – Norden – Esens – Wittmund/Landesgrenze zu Oldenburg	laut [3] Streckenbau im Auftrag des preußischen Handelsministeriums, um für militärische Belange eine Verbindung Emden – Wilhelmshaven zu schaffen, die Arbeiten werden noch im September abgeschlossen
Sommer 1878	14	Abelitz–Aurich	laut [3] Streckenbau im Auftrag des preußischen Handelsministeriums
1. September 1878	12	Dortmund KWE–Mengede	
12. November 1879	~35	Bodelschwingh–Osterfeld KWE	
15. März 1880	?	Osterfeld KWE–Sterkrade KWE	

[1] H. Kobschätzky: *Streckenatlas der deutschen Eisenbahnen 1835–1892,* Düsseldorf 1971

[2] Altenbekener Eisenbahnfreunde (http://www.altenbekener-eisenbahnfreunde.de/Altenbeken/altenbeken.html)

[3] www.westbahn.de (http://www.westbahn.de/bahn/eb-o_titel/eb-o_liste.html)

Stand der ehemaligen KWE-Strecken ab 1967

1967 wurde der Verkehr zwischen Unna-Königsborn und Welver eingestellt, die Strecke abgebaut.

Auf dem Abschnitt Unna-Königsborn – Dortmund-Dorstfeld verkehrt heute die S-Bahnlinie S4 und auf dem Streckenteil von Dorstfeld nach Mengede die S2.

Die Stammstrecke wurde zwischen Altenbeken und Willebadessen wegen geologischer Störungen neu gebaut und 2002 dem Verkehr übergeben. Im Zuge des Neubaues wurde auch ein Tunnel von 2.880 m Länge unter dem Eggegebirge erstellt, der damit der längste Eisenbahntunnel in Westdeutschland ist.

Siehe auch

- Geschichte der Eisenbahn in Deutschland
- Liste der deutschen Kursbuchstrecken
- Liste von Eisenbahnstrecken in Deutschland
- Liste der ersten deutschen Eisenbahnen bis 1870
- Liste der ersten Eisenbahnen in Nordrhein-Westfalen bis 1930
- Liste der SPNV-Linien in NRW
- Bahnstrecke Hamm-Warburg

Literatur

- Menninghaus, Werner; Krause, Günter: *Die Königlich Westfälische Eisenbahn. Geschichte der Strecke Warburg–Hamm–Emden.* Uhle & Kleimann, 1985
- Klee, Wolfgang: *Eisenbahnen in Westfalen. Von den Anfängen bis zur Gegenwart.* Aschendorff, Münster 2001
- Wichert, Hans Walter: *... vom Streckenbau zum Schnellausbau. Eine Dokumentensammlung zur Köln-Minden-Thüringer Verbindungsbahn 1845–1849 und den Anfängen der Königlich-Westfälischen Eisenbahn.* Paderborn 1994
- Jockel, Hans-Josef: *Die Eisenbahn im Eggegebirge* Altenbeken 1983
- Högemann, Josef; Kristandt, Peter: *Die Eisenbahn in Altenbeken. 150 Jahre! Eisenbahnviadukt Altenbeken. Vivat Viadukt* Georgsmarienhütte 2003

Weblinks

- Tschorn, Lisa: Die Entstehung des westfälischen Eisenbahnnetzes bis 1885 (http://www.lwl.org/LWL/Kultur/Westfalen_Regional/Verkehr/Bahn/Eisenbahnnetz_1885/)

Invalidenstraße

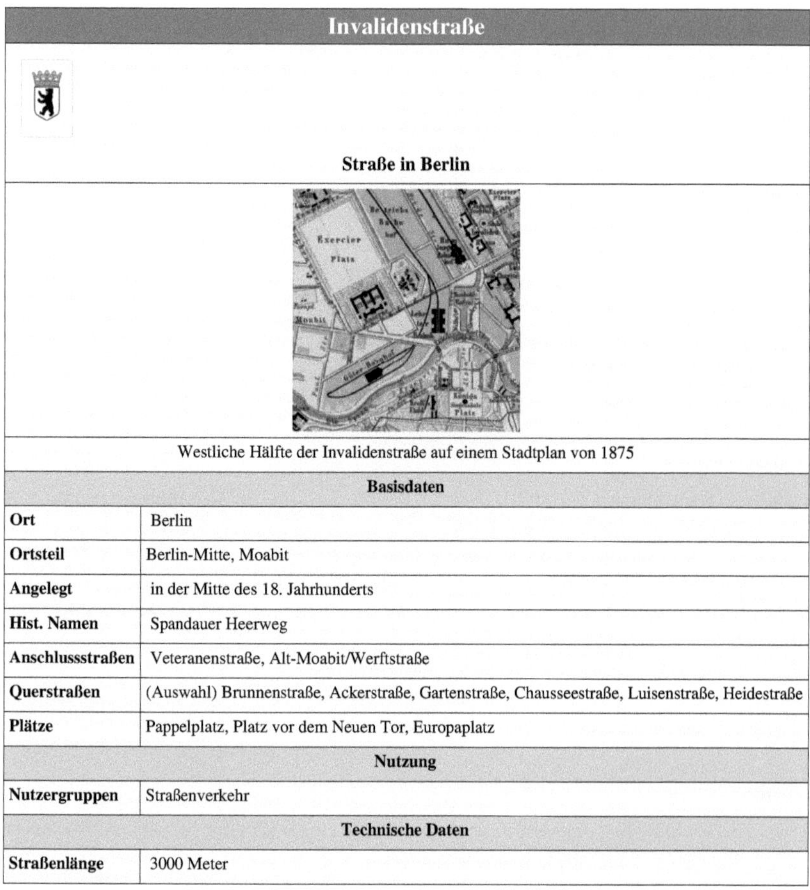

Invalidenstraße	
Straße in Berlin	
Westliche Hälfte der Invalidenstraße auf einem Stadtplan von 1875	
Basisdaten	
Ort	Berlin
Ortsteil	Berlin-Mitte, Moabit
Angelegt	in der Mitte des 18. Jahrhunderts
Hist. Namen	Spandauer Heerweg
Anschlussstraßen	Veteranenstraße, Alt-Moabit/Werftstraße
Querstraßen	(Auswahl) Brunnenstraße, Ackerstraße, Gartenstraße, Chausseestraße, Luisenstraße, Heidestraße
Plätze	Pappelplatz, Platz vor dem Neuen Tor, Europaplatz
Nutzung	
Nutzergruppen	Straßenverkehr
Technische Daten	
Straßenlänge	3000 Meter

Die **Invalidenstraße** ist eine Durchgangsstraße in Berlin. Sie verläuft auf einer Länge von rund drei Kilometern in ost-westlicher Richtung durch die Ortsteile Mitte und Moabit. An der Invalidenstraße standen drei der großen Kopfbahnhöfe Berlins: der Stettiner Bahnhof, der Hamburger Bahnhof und der Lehrter Bahnhof. Auf dem Gelände des Lehrter Bahnhofs wurde bis 2006 der neue Hauptbahnhof der Stadt errichtet.

Historische Bebauung

Eingang Ackerhalle

In der Invalidenstraße befinden sich zahlreiche öffentliche Einrichtungen und Baudenkmale,[1] u. a. die von Karl Friedrich Schinkel 1834 erbaute Elisabethkirche (Nr. 3), die 1888 von Hermann Blankenstein erbaute Ackerhalle (Nr. 158) sowie das von Hans Bernoulli entworfene und 1910 eingeweihte Hotel Baltic (Nr. 120/121). Der ehemalige Hamburger Bahnhof ist heute das Museum für Gegenwart.

Direkt östlich davon quert die Invalidenstraße den Berlin-Spandauer Schifffahrtskanal, an dessen östlichem Ufer der Berliner Mauerweg vor dem Gebäude des Bundesministeriums für Wirtschaft und Technologie entlangführt. Weiter nach Osten folgen der Invalidenpark, das Bundesministerium für Verkehr, Bau und Stadtentwicklung, das Museum für Naturkunde und die Landwirtschaftlich-gärtnerische Fakultät der Humboldt-Universität. Südlich der Invalidenstraße beginnt der Campus der Charité mit zahlreichen Instituten und Einrichtungen.

Geschichte

Die Straße wurde im 13. Jahrhundert angelegt. Ihr überlieferter Name ist *Spandauer Heerweg*. Der jetzige Name der Straße geht auf das Invalidenhaus zurück, das Friedrich II. 1748 zur Versorgung der Kriegsversehrten aus dem Ersten und Zweiten Schlesischen Krieg errichten ließ. (In diesem Gebäude befindet sich heute ein Teil des Bundesministeriums für Wirtschaft und Technologie. Der heute noch gültige Namen erschien um 1800 auf den berliner Stadtkarten.[2] An der Invalidenstraße befand sich außerdem die Ulanenkaserne.

Grenzübergang Invalidenstraße am 10. November 1989

Im Jahr 1961 wurde die Invalidenstraße durch den Mauerbau in zwei Bereiche geteilt. Die DDR richtete in der Invalidenstraße in Höhe der Scharnhorststraße einen der wenigen Grenzübergänge zwischen Ost- und West-Berlin ein. Nach dem Fall der Mauer entstand am Nordrand dieses Areals der *Invalidenpark* mit einem Wasserbrunnen. Dieser wurde von Christophe Girot nach einem öffentlichen Wettbewerb gestaltet und trägt den Namen *Wasseranlage von Girot*; auch Invaliden- oder Mauerbrunnen und wird von Stadtführern auch als *Versunkene Mauer* bezeichnet.

Verkehr

Ende der Straßenbahnstrecke aus der Bernauer Straße an der Invalidenstraße

Durch die Invalidenstraße bzw. einige Abschnitte führten schon frühzeitig Straßenbahnstrecken wie die alte Linie 44 in West-Berlin und die Linien 1, 46, 70 und 11 im Ostteil zwischen Veteranenstraße und Chausseestraße.[3] Mit dem Bau der Mauer und der Schaffung des Kontrollpunktes in Höhe der Scharnhorststraße sind die in der Straßenmitte verlegten Schienenabschnitte erhalten geblieben und noch immer zu sehen.

Die Invalidenstraße wurde nach der Wiedervereinigung Berlins 1990 eine der wichtigsten Ost-West-Verbindungen in der Stadt. Lange geplant und durch Anwohnerproteste verzögert, wird seit Juni 2011 wird die Straßenbahn durch die Invalidenstraße bis zum Hauptbahnhof verlängert.[4] Damit wird die Straße zu einem Teil des nördlichen Innenstadtringes ausgebaut, der damit durchgängig befahrbar wäre.[5] [6] Langfristig ist vorgesehen, eine neue U-Bahn (Linie U11) unter der Invalidenstraße Richtung Osten zu bauen.

Literatur

- Markus Sebastian Braun (Hrsg.): *Berlin – Der Architekturführer.* Verlagsgruppe Econ Ullstein List, München 2001, ISBN 3-88679-355-9.
- Belletristik: In Theodor Fontanes Roman *Stine* wohnen zwei wichtige Protagonistinnen, Pauline Pittelkow und ihre Schwester Ernestine (Stine) Rehbein, in dieser Straße.

Weblinks

- Invalidenstraße. [7] In: *Straßennamenlexikon des Luisenstädtischen Bildungsvereins* (beim Kaupert)
  - *Spandauer Heerweg.* [8] In: *Luise.*
- Senatsverwaltung für Stadtentwicklung [9] zu Strategien „Nördlicher Cityrand"
- Bürgerinitiative Invalidenstraße [10]

Einzelnachweise

[1] Suchergebnis in der Denkmaldatenbank des Landes Berlin (http://www.stadtentwicklung.berlin.de/cgi-bin/hidaweb/query.pl?DEF=/opt/www/htdocs/daten/Midas;DATEN=/opt/www/htdocs/daten/daten;THE=/opt/www/htdocs/daten/idx;PIC=8540;KBPICTYP=jpg;PICDIR=../mfpic;BAG=21;POS=0;FCT=q;LIST_TPL=lda_list.tpl;DOK_TPL=lda_doc.tpl;USER=test123;AnzCol=4;N_5000=7;N_5104=0;N_5110=8;N_5116=1;N_5117=2;N_9456=3;N_5230=4;N_5064=5;N_3100=6;R_5000==;R_5104==

[2] Geschichte der Invalidenstraße auf Kauperts.de (http://berlin.kauperts.de/Strassen/Invalidenstrasse-10115-10557-Berlin?query=InvalidenstraÃe#Geschichte)

[3] Berliner Stadtplan von 1960 mit der Führung der Straßenbahnlinien durch die Invalidenstraße (http://www.alt-berlin.info/cgi/stp/lana.pl?nr=9&gr=5&nord=52.531106&ost=13.388731)

[4] bz-berlin.de: *Baubeginn: Berlin bekommt eine neue S-Bahnlinie* (http://www.bz-berlin.de/bezirk/tiergarten/berlin-bekommt-eine-neue-s-bahnlinie-article1197099.html), 4. Juni 2011, Zugriff am 24. August 2011

[5] *Neue Invalidenstraße – es wird geplant und geklagt* (http://www.berlinonline.de/berliner-zeitung/archiv/.bin/dump.fcgi/2009/0512/berlin/0046/index.html)

[6] *Berlin Hauptbahnhof – Das Vorhaben* (http://www.stadtentwicklung.berlin.de/bauen/strassenbau/de/lehrter_vorhaben.shtml)

[7] http://berlin.kauperts.de/Strassen/Invalidenstrasse-10115-10557-Berlin#Geschichte

[8] http://luise-berlin.de/strassen/bez02h/S934.htm

[9] http://www.stadtentwicklung.berlin.de/planen/stadtplanerische_konzepte/strategien/index.shtml

[10] http://www.invalidenstrasse.org

Koordinaten: 52° 31′ 43″ N, 13° 22′ 35″ O

Berlin-Spandauer_Schifffahrtskanal

Der 12 Kilometer lange **Berlin-Spandauer Schifffahrtskanal** (BSK) verbindet die Flüsse Spree und Havel. Der Kanal ist eine Bundeswasserstraße und liegt vollständig auf Berliner Stadtgebiet. Von der Spree bis zur Schleuse Plötzensee zählt er zur Wasserstraßenklasse III, von dort bis zur Havel zur Klasse IV. Rechtlich gehören zum BSK auch die Bundeswasserstraßen Westhafen-Verbindungskanal und Westhafenkanal mit Charlottenburger Verbindungskanal.[1] [2] Zuständig für die Verwaltung ist das Wasser- und Schifffahrtsamt Berlin.

Schubverband fährt talwärts in den Kanal am Spreebogen

Verlauf

Blick auf den Kanal von der Kieler Brücke aus

Der Kanal zweigt an einem Spreebogen (14,5 Kilometer oberhalb der Spreemündung in die Havel) in nördlicher Richtung von der Spree ab und öffnet sich kurz nach seinem Beginn, auf Höhe des Hauptbahnhofs, zum Humboldthafen. Von dort aus führt der Kanal weiter in nördlicher Richtung durch den Nordhafen, vorbei am Kraftwerk Moabit zum Westhafen, dann in westlicher Richtung durch die Jungfernheide und mündet schließlich am nördlichen Ende des Spandauer Sees in die Havel ein (bis zum Jahr 1914 in den Tegeler See). Dem Ausgleich von Wasserstandsunterschieden zwischen Spree und Havel dient die Schleuse Plötzensee. Sie teilt den Kanal in eine fünf Kilometer lange Spreehaltung und in eine sieben Kilometer lange Havelhaltung.

Geschichte

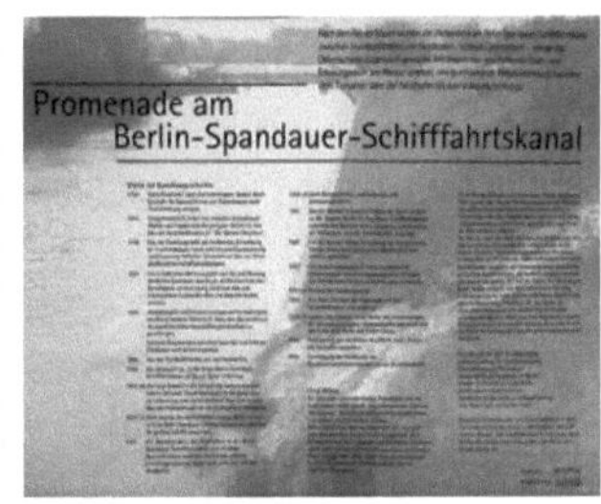

Informationstafel an der Promenade

Der *Spandauer Schiffahrtkanal* wurde zwischen 1848 und 1859 nach Planungen von Peter Joseph Lenné angelegt. Der Verkehr zwischen Berlin und den östlichen Landesteilen Preußens in Richtung Finowkanal sollte erleichtert werden. Die nun vorhandene direkte Kanalverbindung verkürzte den Weg um etwa sechs Kilometer, da sie den stark gewundenen Unterlauf der Spree umgeht. Die südliche Anfangsstrecke des Kanals folgte dem Lauf des Charitégrabens, dem spreenahen Teil des Schönhauser Grabens. Beim Nordhafen wurde eine Einmündung des Schönhauser Grabens geschaffen. Noch 1825 biegt der Schönhauser Graben[3] in Höhe des heutigen Nordhafens nach aus Südwest nach Südost zum Unterbaum an der Spree ab. Aber bereits auf der Karte von 1842 befindet sich eine Zuführung in den Humboldthafen zur Spree, während die alte Führung des Schönhauser Grabens (zum Unterbaum) zwar noch existiert, aber wohl nicht mehr genutzt wurde. 1891/1892 wurde die Spreehaltung für größere Schiffe ausgebaut.

Beim Bau des *Großschiffahrtweges Berlin–Stettin* für größere Schiffsabmessungen in den Jahren 1906–1914 wurde die Havelhaltung miteinbezogen. So wurde die Schleuse Plötzensee zu einem Anfangspunkt des *Großschiffahrtweges*. Mit der Eröffnung am 17. Juni 1914 änderten sich auch die Bezeichnungen. Weil der gesamte Kanal zu drei Viertel auf dem Gebiet der damals noch selbstständigen Stadt Spandau lag, hieß er bis 1914 *Spandauer Schiffahrtkanal*. Während nun die Havelhaltung des Kanals 1914 den Namen *Hohenzollernkanal* erhielt, wie ihn

Kaiser Wilhelm II. dem gesamten *Großschiffahrtweg* gegeben hatte, verblieb die Spreehaltung überwiegend auf Berliner Gebiet und bekam deshalb die Bezeichnung *Berlin-Spandauer Schiffahrtkanal*.

Im Ortsteil Siemensstadt (Ortslage Gartenfeld) wurde beim Bau des *Großschiffahrtweges* eine enge Krümmung abgeschnitten. So wurde der Industriebereich der Siemenswerke zur Gartenfelder Insel. Zudem wurde damit die Mündung des Kanals direkt zur Havel verlegt; zuvor mündete er in die Kleine Malche, eine Bucht des Tegeler Sees. Der noch bestehende alte Kanalbogen ist ein Berliner Landesgewässer und wird *Alter Berlin-Spandauer Schiffahrtkanal* genannt, lediglich der kurze Teil zum Tegeler See wurde zugeschüttet. 1933–1939 wurde die Havelhaltung, der *Hohenzollernkanal*, dreischiffig ausgebaut.

Nach 1945 wurde die Bezeichnung der Spreehaltung *Berlin-Spandauer Schiffahrtkanal* auch für die Havelhaltung amtlich übernommen und damit der Name *Hohenzollernkanal* ersetzt. Auf manchen Karten ist der in der Öffentlichkeit noch gebräuchliche Name *Hohenzollernkanal* in Klammern zugesetzt.

Von 1945 bis 1990 verlief entlang des Kanals zwischen der Sandkrugbrücke und der Kieler Straße die Sektorengrenze. Somit wurde das östliche Ufer durch den Bau der Berliner Mauer zum Sperrgebiet ausgebaut. Große Teile des Invalidenfriedhofs mussten dabei den Grenzanlagen weichen.

Uferpromenade

Schon die Pläne von Peter Joseph Lenné sahen entlang des Kanals eine uferbegleitende Promenade vor, aber erst 150 Jahre später wurde sie verwirklicht.

Nach der Deutschen Wiedervereinigung wurde 1994 mit dem Bau einer Promenade auf dem freigewordenen, östlichen Ufer des Kanals begonnen. Die Uferpromenade führt von der Sandkrugbrücke in nördlicher Richtung an der Rückseite des Invalidenfriedhofs bis über die Kieler Straße am Nordhafen hinaus. Im Endausbau soll sie vom Großen Tiergarten bis zum Volkspark Rehberge im Ortsteil Wedding führen.

Westhafen und Nordufer

Der gegenüberliegende westliche Teil ab dem Kunstzentrum am Hamburger Bahnhof nach Westen bietet ebenfalls die Möglichkeit einer Promenade. Durch den Nordhafen begünstigt, lag hier der Eisenbahnanschluss des Lehrter und Hamburger Güterbahnhofs. Mit der Entwicklung der Transporttechnik ist er zum Containerbahnhof ausgebaut worden. Während der Zeit der Berliner Mauer befand sich hier ein großes Logistikzentrum, das den Speditionen den kurzen Weg über den Grenzübergang Invalidenstraße für den Verkehr zwischen West- und Ost-Berlin bot. Diese günstige Lage verlor nach 1989 ihren Vorteil, denn nun war es möglich, im Berliner Umland Großverkehrszentren einzurichten.

Brücken über diesen Kanal

Neun Brücken führen an verschiedenen Stellen des Kanals Straßen und Fußwege von einem Uferbereich zum anderen, das sind: die Sandkrugbrücke, die Kieler Brücke, die Nordhafenbrücke, die Fennbrücke, zwei parallele Bahnbrücken vom Krause-Ufer zum Mettmannplatz, der Torfstraßensteg, die Föhrer Brücke und die Nördliche Seestraßenbrücke.

Nordhafenbrücke, Untersicht

Weblinks

- Wasser- und Schifffahrtsamt Berlin [4]

Einzelnachweise

[1] Verzeichnis E, Lfd. Nr. 3 der Chronik (http://www.wsv.de/wasserstrassen/chronik/index.html), Wasser- und Schifffahrtsverwaltung des Bundes
[2] Längen (in Kilometer) der Hauptschifffahrtswege (Hauptstrecken und bestimmte Nebenstrecken) der Binnenwasserstraßen des Bundes (http://www.wsv.de/wasserstrassen/gliederung_bundeswasserstrassen/index.html), Wasser- und Schifffahrtsverwaltung des Bundes
[3] Preußisches Messtischblatt (#1837) Bande VI, Blatt 1, Berlin, aufgenommen und gezeichnet im Jahre 1825 durch Mautt Ingenieur Geograph
[4] http://www.wsa-b.de/

Koordinaten: 52° 32′ 18″ N, 13° 20′ 56″ O

Drehbrücke

Eine **Drehbrücke** ist eine bewegliche Brücke, bei welcher der in der Mitte des Gewässers stehende Brückenpfeiler über eine Einrichtung verfügt, den Fahrweg um 90 Grad zu drehen und hierdurch den Schiffen auf der Wasserstraße eine freie Fahrt zu ermöglichen. Eine alternative Bauweise sind Pfeiler an beiden Ufern (oder in der Nähe der Ufer) mit einem oder zwei beweglichen Brückenteilen.

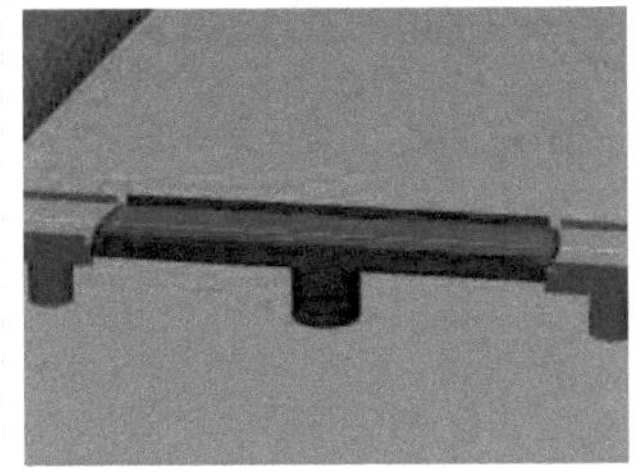
Drehbrücke

Wenn eine Drehbrücke dem Schiffsverkehr die Durchfahrt ermöglichen soll, müssen zunächst die vorhandenen Schranken – begleitet von optischen und akustischen Warnsignalen – abgesenkt werden. Dann wird die Anrampung entweder eingezogen oder leicht abgehoben, bevor der Drehvorgang eingeleitet wird. Die Durchfahrt kann für die Schiffe erst dann in beiden Richtungen freigegeben werden, wenn die Längsachse um 90 Grad gedreht wurde. In der Regel erfolgt eine – eventuell auch gebührenpflichtige – Abfertigung erst, wenn mindestens ein Schiff je Richtung Durchlass begehrt. Sind je Richtung mehrere Schiffe in Warteposition, werden alle en bloc durchgelassen und danach wird die Brücke wieder in die Normalstellung gebracht, damit der die Wasserstraße kreuzende Verkehr sie wieder benutzen kann.

Superlative

Die größte Drehbrücke der Welt ist die El-Ferdan-Brücke über den Sueskanal, 14 km nördlich von Ismailia, mit zusammen über 320 m Spannweite.

Die größte Drehbrücke Deutschlands ist die Kaiser-Wilhelm-Brücke in Wilhelmshaven, sie hat eine Spannweite von 159 m. (Bild: siehe unten)

Drehbrücken in Deutschland

Geordnet nach Jahr der Eröffnung (in heutiger Bauform). Siehe auch Liste von beweglichen Brücken in Deutschland:

Eröff-nung	Name der Brücke	Gewässer	In/bei Stadt	Dreh-achsen	Spann-weite	Geo-Koordinaten
1862	Kanalbrücke am Yachthafen	Geestemünder Hauptkanal	Bremerhaven	1		53° 32′ 3″ N, 8° 35′ 5″ O [1]
1876	Drehbrücke Neuer Hafen/Kaiserschafen I	Hafen	Bremerhaven	1		
1877	Drehbrücke am Winterhafen	Hafen (Rhein)	Mainz	1		49° 59′ 45″ N, 8° 17′ 0″ O [2]
1887	Drehbrücke Klevendeich	Pinnau	Uetersen	1		53° 40′ 29″ N, 9° 36′ 30″ O [3]
1887	Eiderbrücke	Eider	Friedrichstadt	1	87,0 m	54° 21′ 46″ N, 9° 4′ 16″ O [4]
1888	Drehbrücke im Rheinauhafen	Rheinarm/Rheinauhafen	Köln	1	ca. 18 m	50° 55′ 56″ N, 6° 57′ 49″ O [5]
1903	Bahnhofsbrücke	Alter Strom	Rostock-Warnemünde	1	29,5 m	54° 10′ 37″ N, 12° 5′ 20″ O [6]
1906	Drehbrücke Krefeld-Linn	Hafen (Rhein)	Krefeld	1		51° 20′ 38″ N, 6° 39′ 47″ O [7]
1907	Kaiser-Wilhelm-Brücke	Hafen	Wilhelmshaven	2	159,0 m	53° 30′ 49″ N, 8° 8′ 7″ O [8]
1908	Deutzer Drehbrücke	Deutzer Hafen	Köln-Deutz	1		50° 55′ 40″ N, 6° 58′ 24″ O [9]
1910	Meiningenbrücke	Barther Bodden	Zingst	1	17,8 m	54° 24′ 30″ N, 12° 39′ 59″ O [10]
1912	Drehbrücke Malchow	Müritz-Elde-Wasserstraße	Malchow	1	21,0 m	53° 28′ 27″ N, 12° 25′ 38″ O [11]
1931	Nordschleusenbrücke	Hafen (Weser)	Bremerhaven	1	78,5 m	53° 34′ 18″ N, 8° 33′ 13″ O [12]
1979	Achgelisbrücke	Geeste	Bremerhaven	1		53° 32′ 46″ N, 8° 35′ 24″ O [13]
	Eisenbahndrehbrücke Elsfleth-Orth	Hunte	Elsfleth	1		

Drehbrücken in anderen Regionen

- Albanien: 2011 eröffnete Neue Bunabrücke in Shkodra über die Buna
- Argentinien: Puente de la Mujer ist eine Fußgängerbrücke im Stadtteil Puerto Madero von Buenos Aires. Sie wurde von Santiago Calatrava entworfen und im Dezember 2001 fertiggestellt.
- Ägypten: El-Ferdan-Brücke, sie überspannt den Suezkanal und ist mit 340 Meter Länge die größte Drehbrücke weltweit.
- Australien: Glebe Island Bridge in Sydney wurde 1901 eröffnet. Pyrmont Bridge in Sydney wurde 1902 eröffnet.
- Belize: Belize Swing Bridge wurde 1923 in Belize City gebaut. Sie verbindet die beiden Stadthälften, Northside und Southside über den Haulover Creek und wird zweimal pro Tag per Hand gedreht.
- Frankreich: Le pont tournant rue Dieu überspannt den Saint-Martin Kanal in Paris.
- Italien: Ponte Girevole (Tarent) ist 90m lang.
- Niederlande: Abtsewoudsebrug in Delft steht in der Nähe der Technische Universiteit Delft.
- Polen: Drehbrücke Giżycko wurde 1889 erbaut, ist 20m lang und mit Handbetrieb.
- USA: Government Bridge, überspannt seit 1850, als erste Brücke den Mississippi.

Bilder

Drehbrücke am Tejo in Lissabon

Geschlossene Drehbrücke über den Mystic River zwischen Groton und Stonington, Connecticut, USA

Geöffnete Drehbrücke über den Mystic River zwischen Groton und Stonington, Connecticut, USA

Kaiser-Wilhelm-Brücke in Wilhelmshaven Stahlfachwerkkonstruktion, gebaut durch die MAN-Nürnberg.

Ponte Girevole (Tarent)

Drehbrücke in Nordhorn am Süd-Nord-Kanal

Drehbrücke in Köln am Rheinauhafen

Drehbrücke über den Lötzener Kanal - Giżycko (Polen)

Außer Betrieb befindliche Drehbrücke über den Yazoo River bei Redwood (Mississippi)

Nordschleusenbrücke in Bremerhaven (1)

(2)

(3)

(4)

El-Ferdan-Brücke über den Sueskanal

References

[1] http://toolserver.org/~geohack/geohack.php?pagename=Drehbr%C3%BCcke&language=de¶ms=53.5341_N_8.5847_E_region:DE_type:landmark&title=Kanalbr%C3%BCcke
[2] http://toolserver.org/~geohack/geohack.php?pagename=Drehbr%C3%BCcke&language=de¶ms=49.9958_N_8.2832_E_region:DE_type:landmark&title=Kanalbr%C3%BCcke
[3] http://toolserver.org/~geohack/geohack.php?pagename=Drehbr%C3%BCcke&language=de¶ms=53.6747_N_9.6082_E_region:DE_type:landmark&title=Klevendeich-Br%C3%BCcke
[4] http://toolserver.org/~geohack/geohack.php?pagename=Drehbr%C3%BCcke&language=de¶ms=54.3628_N_9.0711_E_region:DE_type:landmark&title=Eiderbr%C3%BCcke
[5] http://toolserver.org/~geohack/geohack.php?pagename=Drehbr%C3%BCcke&language=de¶ms=50.9322_N_6.9637_E_region:DE_type:landmark&title=Rheinauhafenbr%C3%BCcke
[6] http://toolserver.org/~geohack/geohack.php?pagename=Drehbr%C3%BCcke&language=de¶ms=54.176908_N_12.088806_E_region:DE_type:landmark&title=Bahnhofsbr%C3%BCcke+Warnem%C3%BCnde
[7] http://toolserver.org/~geohack/geohack.php?pagename=Drehbr%C3%BCcke&language=de¶ms=51.344_N_6.663_E_region:DE_type:landmark&title=Krefeld-Linn-Br%C3%BCcke
[8] http://toolserver.org/~geohack/geohack.php?pagename=Drehbr%C3%BCcke&language=de¶ms=53.5136_N_8.1352_E_region:DE_type:landmark&title=KW-Br%C3%BCcke
[9] http://toolserver.org/~geohack/geohack.php?pagename=Drehbr%C3%BCcke&language=de¶ms=50.9277_N_6.9732_E_region:DE_type:landmark&title=Deutzer+Br%C3%BCcke
[10] http://toolserver.org/~geohack/geohack.php?pagename=Drehbr%C3%BCcke&language=de¶ms=54.4084_N_12.6664_E_region:DE_type:landmark&title=Meiningenbr%C3%BCcke
[11] http://toolserver.org/~geohack/geohack.php?pagename=Drehbr%C3%BCcke&language=de¶ms=53.4741_N_12.4272_E_region:DE_type:landmark&title=Kanalbr%C3%BCcke
[12] http://toolserver.org/~geohack/geohack.php?pagename=Drehbr%C3%BCcke&language=de¶ms=53.5717_N_8.5535_E_region:DE_type:landmark&title=Nordschleusenbr%C3%BCcke
[13] http://toolserver.org/~geohack/geohack.php?pagename=Drehbr%C3%BCcke&language=de¶ms=53.546_N_8.5901_E_region:DE_type:landmark&title=Achgelisbr%C3%BCcke

Sandkrugbrücke

Koordinaten: 52° 31′ 40.2″ N, 13° 22′ 25.9″ O [1]

Sandkrugbrücke	
 Blick in den Kanal, im Vordergrund die Sandkrugbrücke	
Nutzung	Straßenverkehr, Fußgänger
Überführt	Invalidenstraße
Querung von	Berlin-Spandauer Schifffahrtskanal
Ort	Berlin-Moabit
Konstruktion	Stahlrahmenbrücke
Gesamtlänge	34,10 m
Breite	29 m, davon 18,7 m Fahrbahn
Längste Stützweite	21 m
Konstruktionshöhe	1,28 m
Lichte Höhe	4,93[2]
Baukosten	18,0 Mio. DM einschl. Hilfsbrücke
Baubeginn	1993
Fertigstellung	1994
Planer	Ing.-Büro Grassl GmbH, Berlin[3] und Architekten Thomas Baumann & Birgitt Welter[4]
Lage	

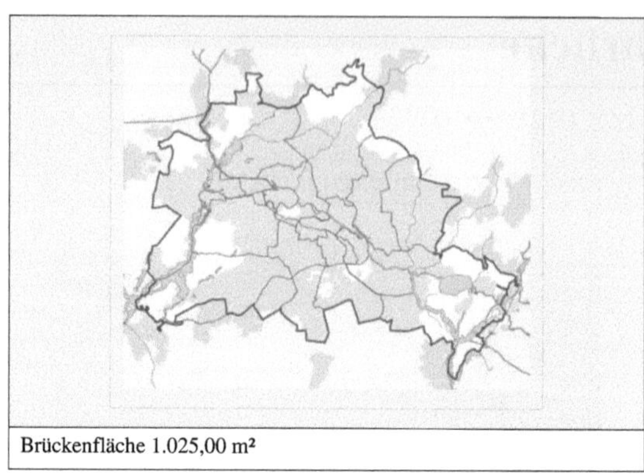

Brückenfläche 1.025,00 m²

Die **Sandkrugbrücke** über den Berlin-Spandauer Schifffahrtskanal ist eine stählerne Straßenbrücke, die im Verlauf der Invalidenstraße die Grenze zwischen den ehemaligen Berliner Bezirken Mitte und Tiergarten bildet. Eine erste Gewässerüberquerung bestand an dieser Stelle bereits im 18. Jahrhundert.

Geschichte

Bevor der Berlin-Spandauer Schifffahrtskanal im 19. Jahrhundert durch Begradigung und Ausbaggerung aus dem *Schönhauser Graben* entstand, befand sich an der heutigen Stelle bereits eine als *Steinerne Brücke* bezeichnete Konstruktion. Sie hatte eine Spannweite von rund 7 Metern. Eine erste urkundliche Erwähnung datiert aus dem Jahr 1780.

Bei der Verbreiterung des Grabens um 1875 wurden die bis dahin vorhandenen vier Brücken allesamt abgerissen und durch Neubauten ersetzt. 1883 entstand hier eine aus Eisen gefertigte Bogenbrücke. Am Ende des Zweiten Weltkrieges wurde die Konstruktion schwer beschädigt und Anfang der 1950er-Jahre notdürftig instand gesetzt.

Dieses reparierte Brückenbauwerk diente bis vor dem Mauerbau 1961 dem Straßenverkehr, dann wurde es kaum noch belastet. Denn auf der Ostseite der Sandkrugbrücke befand sich zwischen 1961 und 1990 die Grenzübergangsstelle *Invalidenstraße*, die nur für Westberliner oder in der DDR akkreditierte Diplomaten sowie das Wachpersonal vom Sowjetischen Ehrenmal im Tiergarten benutzbar war. Sie wurde baulich nicht gewartet, war am Ende des Jahres 1989 bei der Wiedereröffnung der Invalidenstraße als Durchgangsstraße dringend erneuerungsbedürftig und musste Ende 1990 sogar vollständig gesperrt werden.[5] Der nun zuständige Berliner Senat ließ wenige Meter südlich vor der Sandkrugbrücke eine provisorische Brücke für Fußgänger und Autofahrer errichten. Die alte Sandkrugbrücke wurde abgerissen und in einem Wettbewerb neu ausgeschrieben, den die Architekten Birgitt Welter und Thomas Baumann gewannen.

Die nördliche Seite der neuen Sandkrugbrücke mit dem Hamburger Bahnhof im Hintergrund; 2008

Es entstand eine fünfstielige Stahlkonstruktion mit orthotroper Fahrbahnplatte. Die Gründung erfolgte auf mantelverpressten duktilen Gusspfählen in Stahlbetonwiderlagern. Die Ingenieurfirmen *Bestahl, Stahlbau GmbH*, Berlin und *Mayreder, Kraus & Co. Baugesellschaft mbH*, Zweigniederlassung Berlin, führten die Arbeiten aus.[4] [6]

Die Wiedereröffnung der Brücke erfolgte Ende 1994, die Hilfsbrücke wurde anschließend abgetragen. Vier schlanke moderne Beleuchtungsmaste, feine Drahtgitter als Vogelschutz sowie ein gefendertes Schiffsleitwerk im östlichen Widerlager bilden die Ausstattung der Brücke. Die beidseitigen Treppenabgänge und Widerlager sind mit Naturstein verkleidet. Von der alten Brücke wurden die Postamente auf beiden Uferseiten in den Brückenverlauf integriert. Ein weißes Betonband im nordwestlichen Postament markiert den originalen Verlauf der früheren Mauer.

Gedenktafel für Günter Litfin, das erste Todesopfer an der „Berliner Mauer", aufgestellt am südwestlichen Ende der Sandkrugbrücke.

Wissens- und Sehenswertes in der Nähe der Brücke

Auf der Westseite befinden sich der ehemalige Hamburger Bahnhof, der Hauptbahnhof sowie der Humboldthafen. Auf der Ostseite gibt es die Charité, die unter Denkmalschutz stehenden Gebäude der ehemaligen Kaiser-Wilhelm-Akademie[7] mit dem früheren Invalidenhaus[8] , heute beides Sitz des Bundeswirtschaftsministeriums, den Invalidenfriedhof und schließlich das Naturkundemuseum.

Literatur

- Eckhard Thiemann, Dieter Deszyk, Horstpeter Metzing: *Berlin und seine Brücken*, Jaron Verlag, Berlin 2003, S.150, 153; ISBN 3-89773-073-1

Weblinks

- Senatsverwaltung für Stadtentwicklung mit Informationen zur Sandkrugbrücke [9]
- Homepage der Architektin Birgitt Welter mit Informationen und Fotos von der Sandkrugbrücke [10]
- Ein historisches Foto von der Sandkrugbrücke 1986 mit Grenzübergangsstelle auf flickr [11]

Einzelnachweise

[1] http://toolserver.org/~geohack/geohack.php?pagename=Sandkrugbr%C3%BCcke&language=de¶ms=52.5278361111_N_13.3738611111_E_dim:1000_region:DE-BE_type:landmark

[2] Durchfahrtshöhen und -breiten von Berliner Brücken beim WSA; abgerufen am 15. Oktober 2009 (http://www.wsa-berlin.wsv.de/wasserstrassen/bruecken/Durchfahrtshoehen_u._breiten_an_Bruecken05.pdf)

[3] Homepage der Fa. Grassl mit Details zur Sandkrugbrücke; abgerufen am 15. Oktober 2009 (http://www.grassl-ing.de/projekte/projekt_d42_6.html)

[4] Senatsverwaltung für Stadtentwicklung mit Informationen zur Sandkrugbrücke (http://www.stadtentwicklung.berlin.de/bauen/ueberbruecken/de/text_22.shtml)

[5] *Ein Teil der neuen Sandkrugbrücke*; Kurzinfo in der Berliner Zeitung vom 23. Juni 1994; abgerufen am 15. Oktober 2009 (http://www.berlinonline.de/berliner-zeitung/archiv/.bin/dump.fcgi/1994/0623/seite1/0112/index.html)

[6] *Schwere Stahl-Monster für die Sandkrugbrücke. Ende 1994 soll die neue Straßenverbindung fertig sein* in der [[Berliner Zeitung (https://www.berlinonline.de/berliner-zeitung/archiv/.bin/dump.fcgi/1994/0623/berlinrundschau/0058/index.html)] vom 23. Juni 1994; abgerufen am 15. Oktober 2009]

[7] Baudenkmal eh. Kaiser-Wilhelm-Akademie (http://www.stadtentwicklung.berlin.de/cgi-bin/hidaweb/getdoc.pl?DOK_TPL=lda_doc.tpl&KEY=obj 09011178)

[8] Baudenkmal eh. Invalidenhaus (http://www.stadtentwicklung.berlin.de/cgi-bin/hidaweb/getdoc.pl?DOK_TPL=lda_doc.tpl&KEY=obj 09011190)

[9] http://www.stadtentwicklung.berlin.de/bauen/ueberbruecken/de/text_22.shtml

[10] http://www.bwelter.de/pages/skb2.html

[11] http://www.flickr.com/photos/m-joedicke/3934413423/

Drehscheibe

Eine **Drehscheibe** ist eine Einrichtung zum horizontalen Drehen von Schienenfahrzeugen, seltener von Straßenfahrzeugen. Dieser Vorgang wurde vor allem bei Dampflokomotiven mit Schlepptender durchgeführt, die meist nur in Vorwärtsrichtung mit ihrer Höchstgeschwindigkeit fahren können. Daneben werden Drehscheiben zum raumsparenden Umsetzen eines Fahrzeuges in benachbarte Gleise benutzt. Ein sich drehender Teil in Brückenbauform wird manchmal auch Drehbühne genannt.

Eine BR 52 auf einer Drehscheibe vor dem Ringlokschuppen des Eisenbahnmuseums Bw Dresden-Altstadt

Aufbau

Ringlokschuppen mit Drehscheibe (Amstetten Bf)

Die Drehscheibe ist eine maschinentechnische Anlage, mit der ein Fahrzeug (zumeist Schienenfahrzeug) gewendet werden kann, beziehungsweise mit der zwischen 2 oder mehreren Gleisen wahlweise ein Fahrweg hergestellt werden kann. Häufig dient die Drehscheibe der Verbindung radialer Gleise auf engem Raum. Durch die Drehung der Drehscheibenbrücke können Lokomotiven oder andere Fahrzeuge in die gewünschte Position gebracht werden. Man unterscheidet Kreuzdrehscheiben (bei einfachen Verhältnissen, z. B. im Bergbau und bei Feldbahnen), Segmentdrehscheiben (bei beengten Platzverhältnissen, z. B. in Anschlussbahnen) und Brückendrehscheiben mit und ohne Schlepprahmen. Immer handelt es sich um Stahlkonstruktionen, bei denen Brücken die Fahrschienen zur Aufnahme der Fahrzeuge tragen. Die Drehscheibengruben sind kreisförmig oder als Kreissegment ausgebildet und können unterschiedliche Durchmesser haben. Einheitsdrehscheiben in Deutschland haben einen Durchmesser von 23 m oder 26 m, in der Schweiz 13 m oder 16 m. Andere Maße sind möglich. Die Auflagerung der Drehscheibenbrücke in der Mitte bzw. im Drehpunkt erfolgt auf dem Königstuhl. Die Auflagerung der Drehscheibenbrücke an den Enden erfolgt mit - in der Regel - spurkranzlosen Laufrädern, die auf dem in der Drehscheibengrube verlegten Drehscheibenlaufkranz rollen. Bei größeren Drehscheiben sind häufig mehrere Drehscheibenlaufkränze zu finden. Zwischen der Drehscheibenbrücke und dem anschließenden festen Gleis muss eine sichere Verbindung mittels Verriegelungseinrichtung hergestellt werden können. Diese Verriegelungseinrichtung wird häufig mit Rangiersignalen und der Drehscheibensteuerung gekoppelt. Drehscheiben wurden und werden durch Muskelkraft gedreht, im 20. Jahrhundert kam der Antrieb durch Elektromotoren, in seltenen Fällen auch Dieselmotoren sowie Druckluft auf. Bei motorgetriebenen Drehscheiben werden meist 2 der 4 Laufräder angetrieben.

Händisch bediente Schmalspur-Drehscheibe im Bahnhof Tamsweg der Murtalbahn

Drehscheibe der Kabelstraßenbahn San Francisco

Verwendung

Da die meisten Dampflokomotiven mit Schlepptender nur bei Vorwärtsfahrt mit voller Geschwindigkeit fahren dürfen, ist es notwendig, eine solche Lokomotive zu wenden, wenn die Fahrt in entgegengesetzter Richtung aufgenommen werden soll. Drehscheiben befanden sich daher vor allem an Kopfbahnhöfen, beispielsweise dem ersten Bahnhof von Altona oder dem Berliner Bahnhof in Hamburg. In Bahnbetriebswerken befanden sie sich direkt vor dem Lokschuppen, welche in großen Betriebswerken als Ringlokschuppen ausgelegt waren. Dort ermöglichten sie auch den Zugang zu den einzelnen Ständen, der sonst nur mit einer aufwändigen Weichenstraße möglich gewesen wäre. Vor allem in den 1950er Jahren erfolgte der große Niedergang der Dampflokomotiven und damit auch zeitverzögert jener der Drehscheiben.

Einfahrt zur gedeckten Drehscheibe zum Abdrehen der dampfbetriebenen Rotary-Schneeschleuder der Rhätischen Bahn auf dem Bernina Hospiz

Heutzutage werden bei Bahnbetriebswerken hauptsächlich Schiebebühnen eingebaut, da sie es ermöglichen, mit dem geringsten Platzbedarf mehrere parallel verlaufende Gleise zu bedienen. Man braucht nur ein paralleles Zufahrtsgleis und kann dann Abstellmöglichkeiten auf beiden Seiten der Bühne bedienen.

Moderne europäische Lokomotiven sind normalerweise Zweirichtungsfahrzeuge, so dass die Drehscheibe überflüssig ist. Somit sind sie im regulären Bahnbetrieb selten geworden, jedoch noch häufig in Eisenbahnmuseen zu sehen. Ein aus praktischen Gründen erwogener Neubau, wie 1988 bei der Vitznau-Rigi-Bahn, hat Seltenheitswert.

Drehscheibe am Bahnhof Papar der Sabah State Railway (Malaysia)

Die Obusdrehscheibe in Solingen-Burg

Eher kommt es vor, dass wie bei der Minehead Railway Station eine 1968 entfernte Drehbühne aus primär nostalgischen Gründen 2008 neu gebaut wird.[1] Anders in Nordamerika, Australien und Neuseeland, wo viele Lokomotiven nur auf einer Seite einen Führerstand haben, besonders große, dieselelektrisch betriebene. Somit sind dort noch mehr Drehscheiben in ständiger Verwendung und werden sogar manchmal neu gebaut (beispielsweise die Canadian Pacific Railway in East Binghamton (New York) kurz vor 2000).

Autodrehscheibe in Louisville, Colorado.

Große Drehscheiben waren etwa die 1941 von der Union Pacific Railroad für ihre Klasse-4000-Dampfloks, genannt „Big Boy“, (Gesamtlänge: 132 ft 9¼ in (40,47 m); Radstand: 117 ft 7 in (35,83 m) gebauten 135-Fuß-Drehscheiben (41 m) in Ogden (Utah), Green River (Wyoming) und Laramie (Wyoming).[2] Zumindest in Norden (Kalifornien) existierte bis zu einem Brand im Jahre 1962 eine 150-Fuß-Drehscheibe (45,72 m).[3] Eine andere Möglichkeit, Lokomotiven umzudrehen, sind Gleisdreiecke. Bei entsprechenden Anschlusslängen können damit auch ganze Züge umgedreht werden. Für die noch längere Dampflokomotive PRR-Klasse S1 wurde extra ein Gleisdreieck errichtet. Im Vergleich dazu hatte die größte dieselelektrische Lokomotive, die EMD DDA40X, eine Länge von knapp 30 m, und es wird bei diesen Typen oft in Mehrfachtraktion gefahren, was bei Dampflokomotiven nicht üblich war.

Ein weiteres Einsatzgebiet von Drehscheiben ist das Wenden von Schneepflügen. Daher blieben in schneereichen Regionen die Drehscheiben über die Ära der Dampflokomotiven hinaus erhalten.

In Verwendung sind unter anderem noch folgende Drehscheiben im Schienenverkehr:

Innsbruck — Lokschuppen mit Drehscheibe

- Deutschland
  - Würzburg Hauptbahnhof (2)
  - Nürnberg Hauptbahnhof
- Italien
  - Bahnhof Franzensfeste
- Österreich
  - Bahnhof Amstetten
- Schweiz
  - Bahnhof Disentis
  - Bahnhof Erstfeld
  - Bahnhof Landquart
  - Bahnhof Sumvitg/Cumpadials
  - Bahnhof Vitznau

Besondere Verwendungszwecke

Eine Kuriosität war die Drehscheibe von Corkscrew Gulch der Silverton-Eisenbahn in Colorado (USA). Da die Linie in einen Canyon führte, gab es dort große Steigungen und kleine Radien. Da der Hang bei Corkscrew Gulch für einen Wendebogen zu steil war und die Linie in entgegengesetzter Richtung weiterverlaufen sollte, wurde dort eine Spitzkehre gebaut, wodurch der Zug die Fahrtrichtung wechseln musste, um auf das jeweilige Streckengleis überzuwechseln. Es wurde dort eine Drehscheibe installiert, welche sowohl von der Berg- als auch von der Talseite über ein Gefälle erreichbar war. Bei einer Passierung wurden die Waggons von der Lokomotive getrennt, anschließend wurde die Lokomotive gewendet. Nachdem die Lokomotive das Gleis geräumt hatte, wurden der restliche Zug über die Neigung auf die Drehscheibe geführt. Sofern die Gesamtlänge der Waggons die Bühnenlänge der Drehscheibe übertrafen, mussten diese einzeln der Drehscheibe zugeführt werden. Die extremen Steigungen der Strecke erlaubten ohnehin nur sehr kurze Züge. Anschließend setzte die Lokomotive zurück, und die Waggons wurden zur Weiterfahrt wieder angekuppelt.

Bei der Wiener U-Bahn kommt es auf der Linie U2 durch einen über mehrere Stationen gefahrenen Kreisteil zu einseitigem Verschleiß. Um diesem entgegenzuwirken, dreht man die betreffenden Garnituren in bestimmten Zeitabständen um. Da ein halber Doppeltriebwagen nicht fahrfähig ist, hat die im November 1988 in Betrieb gegangene Drehscheibe beim Betriebsabahnhof Wasserleitungswiese (48° 14′ 29″ N, 16° 21′ 47″ O [4]) einen Durchmesser von 40 m und ist damit die größte Europas.

Das Schiffshebewerk am Krasnojarsker Stausee kann man vom Aufbau her auch als Zahnradbahn beschreiben. Da es im Gegensatz zu Kanälen mit laufend gleichbleibender Wasserhaltung im Stausee und am Unterfluss zu starken Schwankungen kommt, kann kein mit Toren abgedichtetes stumpfes Ende verwendet werden. Der schräge Schienenteil fährt daher mit einem darauf waagrecht ausgerichteten Trog ins Wasser, nimmt das Schiff auf und hebt es den Berg zur Dammkrone hinauf. Das Gefährt dreht dann auf einer ungefähr 105 m großen Drehscheibe um 140 ° und kann somit wieder mit waagrechtem Trog in das obere Becken hinabfahren.[5]

Selten werden Drehscheiben auch bei straßengebundenen Fahrzeugen verwendet, ein bekanntes Beispiel ist die Drehscheibe Unterburg, eine Drehscheibe für Oberleitungsbusse im Solinger Stadtteil Burg an der Wupper. Zwei weitere Obus-Drehscheiben existierten früher in Großbritannien, dies waren die Drehscheibe Christchurch und die Drehscheibe Longwood. Eine vierte Obus-Drehscheibe bestand von 1976 bis 1985 im Obus-Tunnel von Guadalajara in Mexiko. Die beengten Platzverhältnisse im Untergrund ließen dort keine andere Lösung zu.[6]

Segmentdrehscheibe

Eine besondere Bauart ist die Segmentdrehscheibe. Bei ihr überstreicht der Brückenträger nur ein Segment des Kreises. Sie kann sich deswegen nicht vollständig drehen, ist also zum Wenden eines Fahrzeuges nur dann geeignet, wenn sie mindestens zu 180 Grad gedreht werden kann. Eine solche Segmentdrehscheibe befindet sich zum Beispiel vor dem Ringlokschuppen in Neuenmarkt-Wirsberg.

Sie dient primär der platzsparenden Umsetzung von Fahrzeugen auf anschließende Gleise, mitunter bei geringerem Platzbedarf als bei Weichen. Die aufwändige Errichtung und Unterhaltung ließ jedoch auch diese Bauart selten zur Ausführung gelangen. Eine erst kürzlich neu errichtete Segmentdrehscheibe ist im Bahnhof Bezau der Bregenzerwaldbahn anzutreffen. Weitere, nicht mehr betriebene Segmentdrehscheiben befinden sich am Hauptbahnhof Bayreuth oder im Bahnhof Klütz am Ende der Bahnstrecke Grevesmühlen–Klütz.

Es gibt auch Drehscheiben, die zwischen zwei Drehpunkten hin- und hergeschoben werden können und so besser zum Verteilen von Lokomotiven auf unterschiedliche Gleise geeignet sind.

Doppeldrehscheibe

Eine weitere Sonderbauform ist die Doppeldrehscheibe. Sie wurde an Orten installiert, an denen sehr viele Lokomotiven platzsparend abgestellt werden sollten.

Bei dieser Bauart sind die Aktionsradien zweier Drehscheiben überlappend ausgeführt. Somit sind die beiden Gruben miteinander verbunden und kreuzen sich die Drehscheibenlaufkränze im äußeren Grubenbereich, bedingt durch die Überlappung.

Eine Doppeldrehscheibe befand sich beispielsweise im Bahnbetriebswerk des Bahnhof Altona und im Betriebsbahnhof Köln.[7]

Sonstiges

Es gibt eine 'Drehscheibe Arbeitsgemeinschaft e.V.'; dieser Verein gibt auch eine Zeitschrift namens 'Drehscheibe' heraus.[8]

Einzelnachweise

[1] Turntable turnaround for West Somerset Railway (http://www.bbc.co.uk/somerset/content/articles/2008/01/28/minehead_rail_development_feature.shtml), 5. Mai 2008, bbc.co.uk

[2] Railway gazette international, Band 79, Reed Business Pub., 1943, S. 192

[3] The Signalman's Journal, Band 43-44, Brotherhood of Railroad Signalmen of America, 1962, S. 64

[4] http://toolserver.org/~geohack/geohack.php?pagename=Drehscheibe&language=de¶ms=48.2414611111_N_16.3631805556_E_region:AT-9_type:landmark&title=Drehscheibe+Wasserleitungswiese

[5] р. Енисей: Красноярский судоподъемник (http://www.lhp.rushydro.ru/works/objectsmap/5754.html), lhp.rushydro.ru

[6] *The Trolleybuses of Latin America in 2010 - Guadalajara.* (http://www.tramz.com/tb/s.html) auf www.tramz.com

[7] Doppeldrehscheibe BW Köln (http://www.bofiscal.com/html/doppeldrehscheibe_bw_koln_haup.html)

[8] (http://www.drehscheibe-online.de)

Literatur

- Markus Tiedtke: *Bahnbetriebswerke Teil 3. Drehscheiben und Lokschuppen.* In: *EK spezial.* 34, EK Verlag, Freiburg 1994.

Moltkebrücke

Koordinaten: 52° 31′ 19″ N, 13° 22′ 8″ O [1]

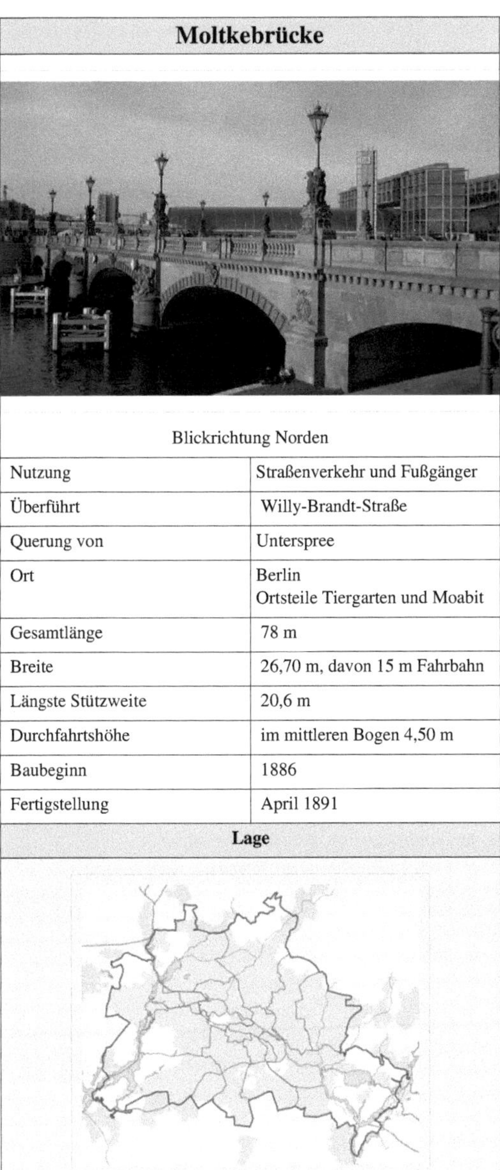

Moltkebrücke	
Blickrichtung Norden	
Nutzung	Straßenverkehr und Fußgänger
Überführt	Willy-Brandt-Straße
Querung von	Unterspree
Ort	Berlin Ortsteile Tiergarten und Moabit
Gesamtlänge	78 m
Breite	26,70 m, davon 15 m Fahrbahn
Längste Stützweite	20,6 m
Durchfahrtshöhe	im mittleren Bogen 4,50 m
Baubeginn	1886
Fertigstellung	April 1891
Lage	

Die **Moltkebrücke** ist eine Auto- und Fußgängerbrücke mit tragender Stahlkonstruktion auf Steinpfeilern und führt im Berliner Bezirk Mitte über die Spree.

Die mit rotem Sandstein verblendete Brücke verbindet die über sie verlaufende Willy-Brandt-Straße mit der Straße Alt-Moabit und damit das Regierungs- und Parlamentsviertel im Spreebogen im Ortsteil Tiergarten mit dem Moabiter Werder und dem Hauptbahnhof im Ortsteil Moabit. Unmittelbar an das südwestliche Brückenende schließt das Gelände des Bundeskanzleramtes an.

Die mit reichem Bild- und Skulpturenschmuck versehene Brücke ist benannt nach Helmuth von Moltke, dem Chef des Preußischen Generalstabes von 1857 bis 1888. Sie wurde 1886–1891 unter der künstlerischen Leitung von Otto Stahn errichtet. Das im Zweiten Weltkrieg beschädigte Bauwerk wurde 1947 wieder in Betrieb genommen und von 1983 bis 1986 umfassend restauriert und modernisiert.

Die Moltkebrücke steht unter Denkmalschutz.

Geschichte

Die heutige steinerne Brücke hat zwei Vorgänger. Seit 1851 stand etwa 70 Meter stromaufwärts eine hölzerne Drehbrücke, die als *Unterspree-Brücke* bekannt war. Sie war angelegt, um die Verbindungsbahn zwischen dem Hamburger Bahnhof und dem Potsdamer Bahnhof über die Spree führen zu können. Weil die Holzkonstruktion schnell baufällig wurde, errichtete man 1864–1865 südlich davon die erste schmiedeeiserne dreigelenkige Bogenfachwerkbrücke Deutschlands. Sie diente dem Straßenverkehr und der Verbindungsbahn, wies aber schon bald nach ihrer Eröffnung Verformungen auf, weil die Pfeiler ungenügend fundiert waren. Das Problem verstärkte sich mit dem Ausbau der Bahngleise, sodass die Brücke bereits 1884 geschlossen und 1887 im Zuge der Kanalisierung der Spree wieder abgerissen wurde.[2]

An ihrer Stelle wurde die Moltkebrücke gebaut. Aufgrund der schlechten Erfahrung mit der Metallkonstruktion der zweiten Unterspreebrücke wurde sie als Massivbau errichtet. Die Arbeiten an ihr begannen bereits 1886, also noch vor dem Abriss des Vorgängerbauwerks, und dauerten bis 1891. Im Auftrag der Stadt Berlin übernahm der Architekt Otto Stahn die künstlerische Leitung. Er konzipierte zusammen mit James Hobrecht eine fünfbogige Steinbrücke, unter deren drei großen Mittelkorbbögen (16,56 bis 17,26 Meter lichte Weite) die Spree hindurchfließt. Den kleineren südlichen Segmentbogen (10,37 Meter lichte Weite) unterquerte ein Uferweg, ein ebenso großer Blendbogen am nördlichen Brückenende schuf die gewünschte Symmetrie. Die Ansichtsflächen der Brücke sind mit rotem Mainsandstein verblendet. Aus dem gleichen Material bestehen die drei zugehörigen Treppenanlagen (zwei am südlichen Brückenende, eine am nordöstlichen), der Bild- und Skulpturenschmuck sowie Brüstungen und Laternensockel.

Die neue Brücke schloss im Spreebogen an die 1867 gewidmete Moltkestraße an, an der sich (am heutigen Standort des Bundeskanzleramtes) das Gebäude des Großen Generalstabs befand. Straße und Brücke leiteten ihre Namen von Helmuth von Moltke (1800–1891) ab, der als „Chef des Generalstabs“ bis 1888 an diesem Ort residierte. Die Moltkestraße bildete den westlichen Abschluss des vornehmen Alsenviertels, das sich (auf dem Gelände des heutigen Spreebogenparks) bis zum Reichstag erstreckte. 1893 wurde nördlich der Brücke das *Marine-Panorama* errichtet, ein runder Bau mit Glaskuppel, in dem 1899 das Deutsche Kolonialmuseum eröffnet wurde.

Bau der Moltkebrücke, 1889

Während des Zweiten Weltkrieges wurde die Moltkebrücke stark in Mitleidenschaft genommen. 1942 entfernte man bronzene Schmuckelemente der Brücke und der auf ihr angebrachten Laternen und schmolz sie zu Kriegszwecken ein. In den letzten Kriegstagen erlangte die Brücke strategische Bedeutung. Einheiten der Roten Armee starteten von Moabit aus ihren Angriff auf den Reichstag. Es kam zu verlustreichen Kämpfen, in deren Verlauf der südliche Brückenbogen gesprengt und Brüstungen und Bildwerk schwer beschädigt wurden.

Die Moltkebrücke um 1900, Blickrichtung Südosten; rechts das Generalstabsgebäude, im Hintergrund Reichstag und Siegessäule

Das notdürftig reparierte Bauwerk konnte bereits 1947 seine Funktion wieder aufnehmen. Ein aus minderwertigem Beton hergestelltes Bauteil ersetzte nun den südlichen Brückenbogen. Anstelle der Sandsteinbrüstungen waren Ziegelmauern errichtet worden. 1958 wurde eine Blindgänger-Bombe entdeckt und entfernt, die die Brücke während des Krieges getroffen hatte.

Ende der 1960er-Jahre war wegen immer deutlicher zutage tretender Bauwerksschäden und wegen des geplanten Ausbaus der Stadtautobahn bereits ein Abriss der Brücke geplant. Nur ein Umsteuern in der Verkehrsplanung sorgte dafür, dass sie erhalten blieb.

Brüstungsornament mit Namen und Gedenktafel mit Baudaten der Brücke

Eine umfassende Restaurierung fand schließlich in den Jahren 1983 bis 1986 statt. Der südliche Brückenbogen wurde rekonstruiert, der Blendbogen am nördlichen Brückenende durch einen echten Bogen ersetzt, um so die Unterquerung durch einen geplanten Uferweg zu ermöglichen. Man baute eine Stahltragkonstruktion ein, die der gewachsenen Belastung gerecht werden sollte. Die neue Fahrtrasse besitzt einen Unterbau aus Leichtbeton. Repliken von August Jäkel nach Bildvorlagen ersetzten die verlorene Teile des originalen Bild-, Skulpturen- und Laternenschmucks. Erhaltene originale Sandsteinteile wurden bei der Rekonstruktion behutsam in das Ensemble integriert.

Bei den Restaurierungsarbeiten entdeckte man in einem Brückenpfeiler einen 1889 eingemauerten Urkundenkasten mit einer „Zusammenstellung der Hauptsachen beim Bau der Moltkebrücke bis zur Einmauerung des diese Urkunde umschließenden Kastens“. Der Inhalt gab detaillierten Aufschluss über Planung, Vorarbeiten, Kosten und Bau der Brücke sowie über die beteiligten Personen.

Heute erinnern in der Mitte der Brüstungen angebrachte Tafeln an die Etappen von Bau, Zerstörung und Rekonstruktion der Moltkebrücke.

Brückenschmuck

Der von bedeutenden Künstlern der Wilhelminischen Ära entworfene Bild- und Skulpturenschmuck der Brücke nimmt Bezug auf die militärischen Leistungen von Moltke.

Porträtkopf von Moltke, Schlussstein im mittleren Brückenbogen

Die Flusspfeiler beidseitig des mittleren Bogens tragen von Johannes Boese stammende Allegorien. Eine über Büchern und Landkarten sitzende Eule steht dabei für die Weisheit des Feldherren und ein sich über Trophäen erhebender preußischer Adler für den unter Moltkes militärischer Verantwortung errungenen Sieg im Deutsch-Französischen Krieg 1870–1871.

Die Schlusssteine der drei Flussbögen tragen von Karl Begas geschaffene, mit Lorbeerkränzen bekrönte Porträtköpfe. Auf dem mittleren Brückenbogen finden sich auf beiden Seiten Porträts von Moltke. Diese werden auf den anschließenden Bögen stromabwärts flankiert von den Köpfen Gebhard Leberecht von Blüchers (links) und Georg von Derfflingers (rechts). Stromaufwärts erscheinen die Köpfe von Caesar und Athene. Die Flankierung durch Feldherren verweist auf die militärische Tradition, in die man von Moltke stellte, Athene deutet auf seine Weisheit hin.

Greifskulptur am nordöstlichen Brückenende mit Parchimer Wappen auf Schild

Über den ebenfalls von Begas geschaffenen acht Schmuckskulpturen auf den Brückenbalustraden erheben sich Bronzelaternen, deren Schäfte von jeweils drei Kindern mit römischer Soldatenkleidung und -bewaffnung umgeben sind. Diese Kandelaber wurden um 1890 in der Kunstgießerei Lauchhammer hergestellt.[3] An den Sockeln über den Brückenwiderlagern thronen von Carl Piper gestaltete Greife, die kupferne Wappenschilder tragen. Diese zeigen das Familienwappen der von Moltkes sowie die Wappen von Preußen, Berlin und Parchim, letzteres die Geburtsstadt von Helmuth von Moltke.

Als Erinnerung an den Zweiten Weltkrieg ist auf einem Sockel am Uferweg an der nordwestlichen Brückenseite einer der zerstörten Original-Greife der Brückenenden wieder aufgestellt worden. Eine Gedenktafel im Brückenbogen beschreibt ihn als „ständige Mahnung zu Frieden und Verständigung".

Literatur

- Andreas Hoffmann: *Moltkebrücke.* In: Helmut Engel u.a. (Hrsg.): *Geschichtslandschaft Berlin. Orte und Ereignisse.* Band 2: *Tiergarten.* Teil 1: *Vom Brandenburger Tor zum Zoo.* Nicolai, Berlin 1989, ISBN 3-87584-265-0, S. 176–181.
- Landesdenkmalamt Berlin (Hrsg.): *Denkmale in Berlin. Bezirk Mitte. Ortsteile Moabit, Hansaviertel und Tiergarten.* Michael Imhof Verlag, Petersberg 2005, ISBN 3-86568-035-6, S. 111.
- H. Metzing: *Baugeschichte der Spreebrücke Berlin – Moltkebrücke.* In: Bundesministerium für Verkehr, Bau- und Wohnungswesen (Hrsg.): *Steinbrücken in Deutschland.* Verlag Bau und Technik, Düsseldorf 1988, ISBN 3-7640-0240-9.
- Eckhard Thiemann, Dieter Desczyk und Horstpeter Metzing: *Berlin und seine Brücken.* Jaron Verlag, Berlin 2003, ISBN 3-89773-073-1, S. 111–114.

Weblinks

- Eintrag in der Berliner Landesdenkmalliste mit weiteren Informationen [4]
- *Moltkebrücke.* [5] In: Structurae.
- Moltkebrücke [6] im Bezirkslexikon des Luisenstädtischen Bildungsvereins
- Informationen und Daten zu Baugeschichte und Rekonstruktion [7] auf baufachinformation.de
- Ansicht der Moltkebrücke vom Wasser aus [8]

Einzelnachweise

[1] http://toolserver.org/~geohack/geohack.php?pagename=Moltkebr%C3%BCcke&language=de¶ms=52.5219444444_N_13.3688888889_E_dim:1000_region:DE-BE_type:landmark

[2] Zwei Ansichten der zweiten Unterspree-Brücke aus dem Jahr 1865 können online im Architekturmuseum der TU Berlin (http://architekturmuseum.ub.tu-berlin.de/index.php?set=1&p=51&sid=120282450649256&z=1) betrachtet werden.

[3] Referenzliste der Kunstgießerei; hier: 1836-1894 (http://www.kunstguss.de/referenzen.php)

[4] http://www.stadtentwicklung.berlin.de/cgi-bin/hidaweb/getdoc.pl?DOK_TPL=lda_doc.tpl&KEY=obj%2009050379

[5] http://de.structurae.de/structures/data/index.cfm?ID=s0001043

[6] http://luise-berlin.de/lexikon/Mitte/m/Moltkebruecke.htm

[7] http://www.baufachinformationen.de/denkmalpflege.jsp?md=1988017185596

[8] http://www.berlin-in-bildern.de/details.php?image_id=781

Platz_des_18._März

Der **Platz des 18. März** liegt am östlichen Ende der Straße des 17. Juni und des Großen Tiergartens auf der westlichen Seite vor dem Brandenburger Tor in der Dorotheenstadt im Berliner Ortsteil Mitte und somit an einer äußerst zentralen und symbolträchtigen Stelle. Historisch gesehen liegt der heute in seinem inneren Bereich verkehrsfreie Platz an der Vorderfront des Tores am Toreingang nach Berlin. Er bildet das Pendant zum Pariser Platz und wurde wie dieser nach der Wiedervereinigung mit einer aufwendigen Pflasterung, historischen Schupmann-Kandelabern und Informationstafeln ausgestattet. Er wird insbesondere von Besuchern der Stadt stark frequentiert sowie häufig für Kundgebungen und Veranstaltungen genutzt.

Platz des 18. März mit Brandenburger Tor

Bedeutung

Der heutige Name soll an die Ereignisse am 18. März sowohl des Jahres 1848 (Märzrevolution) als auch des Jahres 1990 (erste freie Volkskammerwahl 1990 in der DDR) erinnern. Der 18. März, an dem in Barrikadenkämpfen hunderte Zivilisten ums Leben kamen, gilt als das bedeutendste Datum der Revolution von 1848, mit der freiheitliche und demokratische Traditionen in Deutschland begründet wurden. Der 18. März 1990, an dem sich die Bürger der DDR mit großer Mehrheit gegen die Weiterexistenz der DDR als selbständiger Staat entschieden hatten, steht für die Wiedergewinnung der deutschen Einheit. Beiden historischen Wendepunkten wird mit der Namensgebung des Platzes direkt am bekanntesten Bauwerk Deutschlands und damit an der wohl bekanntesten

Stelle der ehemaligen innerdeutschen Grenze Reverenz erwiesen.

Während der Existenz der Berliner Mauer lag der Platz zwischen 1961 und 1990 im Sperrgebiet von Ost-Berlin und war von einem halbkreisförmigen Mauerabschnitt umgeben, der zur Panzersperre verstärkt eine Dicke von drei Metern aufwies und dessen Verlauf heute im Asphalt mit einer Doppelsteinreihe markiert ist.

Bürger aus Ost- und West-Berlin warten auf die Öffnung der Mauer auf dem damaligen „Platz vor dem Brandenburger Tor", Dezember 1989

Mit einer Aussichtsplattform für den Blick in den östlichen Teil der Stadt war der Platz zudem ein Konfrontationspunkt des Kalten Krieges. Rechts und links der Straße des 17. Juni stehen heute auf dem Platz zwei Tafeln der Geschichtsmeile Berliner Mauer, auf denen der Aufbau der Sperranlagen in diesem Bereich dargestellt wird, an die aus beiden Hälften der geteilten Stadt regelmäßig Staatsbesucher und Delegationen geführt wurden.

1987 besuchte US-Präsident Ronald Reagan Berlin und forderte unmittelbar vor der Mauer am Brandenburger Tor: „Mister Gorbachev, open this Gate". Nach der Bekanntgabe der Reisefreiheit und überraschenden Öffnung der Grenze am 9. November 1989 strömten die Menschen von West-Berlin auf das Brandenburger Tor zu und viele erklommen die Mauerkrone rund um den Platz. Diese Bilder gingen um die Welt. Am 22. Dezember 1989 öffnete sich auch hier die Mauer.

Geschichte der Umbenennung

Straßenschild des Platz des 18. März

Die Bezirksverordnetenversammlung des Bezirks Mitte und der Rat der Bürgermeister hatten 1997 bzw. 1999 beschlossen, den Platz vor dem Brandenburger Tor in *Platz des 18. März 1848* umzubenennen. Unterstützt wurde dies von der bereits 1979 unter anderem von Volker Schröder gegründeten Bürgerinitiative „Aktion 18. März", die ursprünglich den 18. März zum Feiertag machen wollte, sowie von Menschen unterschiedlicher politischer Herkunft, die jahrelang für die Umbenennung gestritten hatten, nicht aber vom Berliner Senat unter Bausenator Kleemann. Nach einer (vom damaligen Bundestagspräsidenten Wolfgang Thierse vorgeschlagenen) Modifikation in *Platz des 18. März*, die auch einen Bezug zur ersten freien Volkskammerwahl herstellte, konnte schließlich die Zustimmung aller Seiten erreicht werden. Die Bürgermeister der damaligen Bezirke Mitte und Tiergarten enthüllten am 18. März 2000 zunächst inoffiziell das seit drei Jahren existierende Straßenschild mit der Aufschrift *Platz des 18. März 1848*. Amtlich wurde die Umbenennung des Platzes jedoch erst ab dem 15. Juni 2000 wirksam. Am 19. Juni 2000 fand dann die feierliche Enthüllung des nunmehr offiziellen Straßenschildes mit der Aufschrift *Platz des 18. März* durch die beiden Bürgermeister statt.

Namenschronik

- Platz vor dem Brandenburger Tor (18. Jahrhundert bis 1934)
- Hindenburgplatz (1934 bis 1958)
- Platz vor dem Brandenburger Tor (West-Berlin, 1958 bis 2000)
- Platz des 18. März (seit 15. Juni 2000)

Weblinks

- Platz des 18. März. [1] In: *Straßennamenlexikon des Luisenstädtischen Bildungsvereins* (beim Kaupert)
  - *Hindenburgplatz.* [2] In: *Luise.*
  - *Platz vor dem Brandenburger Tor.* [3] In: *Luise.*
- Kurze Geschichte der Aktion 18. März [4]
- Ronald Reagans Rede am Platz vor dem Brandenburger Tor [5]

Koordinaten: 52° 30′ 59″ N, 13° 22′ 38″ O [6]

References

[1] http://berlin.kauperts.de/Strassen/Platz-des-18-Maerz-10117-Berlin#Geschichte

[2] http://luise-berlin.de/strassen/bez01h/H604.htm

[3] http://luise-berlin.de/strassen/bez01h/P352.htm

[4] http://www.maerzrevolution.de/geschichte.html

[5] http://www.americanrhetoric.com/speeches/rreaganbrandenburggate.htm

[6] http://toolserver.org/~geohack/geohack.php?pagename=Platz_des_18._M%C3%A4rz&language=de¶ms=52.51625_N_13.3772861111_E_region:DE-BE_type:landmark

Berliner_Zollmauer

Die **Berliner Zoll- und Akzisemauer** war die Stadtmauer Berlins ab dem 18. bis zur Mitte des 19. Jahrhunderts. Sie ersetzte die mittelalterliche Berliner Stadtmauer und die spätere Festung Berlin. Die Zoll- und Akzisemauer umfasste etwa das Siebenfache der durch Festungsanlagen umschlossenen Fläche der alten Residenzstadt.

Die Berliner Akzisemauer um 1855

Im Unterschied zu ihren Vorgängern hatte die Akzisemauer keine militärische Bedeutung, sondern diente hauptsächlich der Überwachung des Handels: An den 18 Zolltoren wurde die Akzise, die damaligen direkten Verbrauchssteuern auf eingeführte Waren, erhoben. Die Benennung der Tore erfolgte meist nach der von hier erreichbaren nächsten bedeutenden Stadt. Die Mauer hatte sowohl den Warenschmuggel als auch die Desertion von Soldaten der Berliner Garnison zu verhindern. Der gesamte Verkehr aus und in die Stadt wurde kontrolliert. So durften Juden die Stadt im Norden nur durch das Rosenthaler Tor (ab 1750 durch das Prenzlauer Tor) und im Süden nur durch das Hallesche Tor betreten und mussten sich dort registrieren lassen.

Bau der Akzisemauer

Die Akzisemauer wurde im Wesentlichen in den Jahren 1734 bis 1737 unter Friedrich Wilhelm I. (König in Preußen, auch *Soldatenkönig* genannt) erbaut. Sie bezog die bereits 1705 errichtete so genannte *Linie*, eine Umwehrung aus Palisaden nördlich der Stadt, deren Verlauf noch heute an der Linienstraße in Berlin-Mitte zu erkennen ist, ein. Ebenso erinnert die Friedrichshainer Palisadenstraße mit ihrem Namen an den damaligen Verlauf der Akzisemauer. Die Zollmauer bestand überwiegend aus Holzpalisaden und war nur zum Teil gemauert. Sie wurde mit 14 Stadttoren versehen, die meist nach einer Stadt benannt waren, die in der Richtung des Tores lag.

Wie an den Stadttoren fanden auch an den Stellen, an denen die Spree den Verlauf der Akzisemauer kreuzte, Zollkontrollen statt. Dies wurde mit Hilfe von im Wasser schwimmenden Holzbalken, dem Unter- beziehungsweise Oberbaum, bewerkstelligt, mit denen die Ein- und Ausfahrt für Schiffe gesperrt werden konnte. Die Akzisemauer umfasste zum Zeitpunkt ihrer Erbauung nicht nur Berlin inklusive seiner Vorstädte, sondern vor allem im Osten und Süden auch noch große Flächen unbebauten oder landwirtschaftlich genutzten Landes.

Geschichte bis zum Abriss

Da Berlin weiter wuchs, wurden Teile der Akzisemauer in der ersten Hälfte des 19. Jahrhunderts mehrfach nach außen verschoben, und mit ihr wurden die Zolltore weitergerückt. Zwischen 1786 und 1802 wurden die hölzernen Teile durch eine steinerne Mauer ersetzt und die Akzisemauer insgesamt verstärkt und auf etwa vier Meter erhöht. Einige Stadttore wie das Brandenburger Tor erhielten dabei einen repräsentativen Neubau. In der Mitte des 19. Jahrhunderts entstanden vier weitere Stadttore, das Neue Tor (1832), das Anhalter Tor (1839/1840), das Köpenicker Tor am Lausitzer Platz (1842) und das Wassertor (1848).

Eben außerhalb der Stadtmauer entstanden mehrere noch heute existierende Friedhöfe, wie beispielsweise der Dorotheenstädtische Friedhof an der Chausseestraße, der Friedhof der St.-Georg-Gemeinde an der Straße *Prenzlauer Berg*, mehrere Friedhöfe an der Friedenstraße sowie die Friedhöfe vor dem Halleschen Tor.

Auch die ersten Bahnhöfe der im 19. Jahrhundert entstehenden Eisenbahn wurden rings um die Stadt meist außerhalb der Stadtmauer errichtet. Es handelte sich um Kopfbahnhöfe, die den Endbahnhof einer neu erbauten Eisenbahnlinie bildeten. So entstanden 1838 der Potsdamer Bahnhof direkt vor dem Potsdamer Tor, 1841 der Anhalter Bahnhof direkt vor dem zu diesem Zweck neu errichteten Anhalter Tor, 1842 der Stettiner Bahnhof (am heutigen S-Bahnhof Nordbahnhof) in der Nähe des Hamburger Tores und 1846 der Hamburger Bahnhof in der Nähe des Neuen Tores. Einzige Ausnahme war der Frankfurter Bahnhof (heute Ostbahnhof), der 1842 als Endpunkt der Berlin-Frankfurter Eisenbahn innerhalb der Akzisemauer gebaut wurde. Um diese Kopfbahnhöfe miteinander zu vernetzen, wurde 1851 die Verbindungsbahn gebaut, die allerdings nur dem Güter- und Militärverkehr diente und deren Strecke meist entlang der Akzisemauer führte. Auch die erste Berliner U-Bahn-Linie wurde zwischen 1896 und 1902 entlang der inzwischen abgerissenen Akzisemauer in Kreuzberg gebaut.

Vor allem ab Mitte des 19. Jahrhunderts entstanden außerhalb der Akzisemauer neue Vorstädte, das Berliner Stadtgebiet umfasste 1840 mehr als das Doppelte des von der Mauer umgebenen Gebietes. Als Folge davon wurden an den Zufahrtsstraßen zu Berlin teilweise weit vor den Toren der Stadt sogenannte Akzise- oder Steuerhäuser errichtet, in denen nun der Zoll bezahlt werden musste. Das einzige heute noch erhaltene Akzisehaus befindet sich etwa einen halben Kilometer vom Schlesischen Tor entfernt auf der Lohmühleninsel im Landwehrkanal. Ihrer hauptsächlichen Funktion enthoben, wurde die Akzisemauer 1860 per Dekret aufgehoben. Am 1. Januar 1861 wurde das Stadtgebiet durch Eingemeindungen noch einmal nahezu verdoppelt, es wurde erstmalig in 16 Stadtbezirke gegliedert.[1] Zwischen 1867 und 1870 wurde die Akzisemauer und mit ihr fast alle Tore abgerissen.

Reste nach dem Abriss

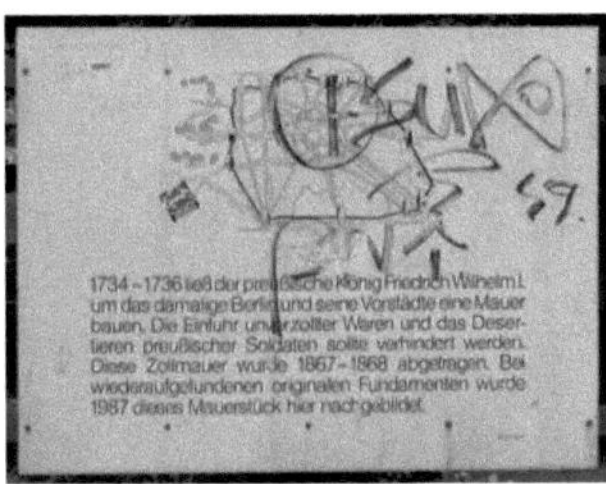

Gedenktafel an der Stresemannstraße 64, in Berlin-Kreuzberg

In den 1980er-Jahren wieder aufgebautes Stück der Akzisemauer in der Stresemannstraße

Nach dem Abriss blieben nur das Brandenburger Tor, das Potsdamer Tor und das Neue Tor stehen. Nur das Brandenburger Tor existiert noch in seiner alten Form einschließlich der Nebengebäude zur Zollerhebung. Das zerstörte Neue Tor wurde nach dem Zweiten Weltkrieg abgetragen. Das Schinkelsche Neue Potsdamer Tor (zwischen Potsdamer Platz und Leipziger Platz) wurde ebenfalls im Krieg zerstört. Die Reste wurden beim Bau der Berliner Mauer 1961 abgetragen.

James Hobrecht lieferte im Auftrag des Berliner Polizeipräsidenten nach dem Abriss der Akzisemauer und einiger Tore einen Generalbebauungsplan für das gesamte Berliner Stadtgebiet, der in den folgenden Jahrzehnten schrittweise umgesetzt wurde. Nach Erschließungsarbeiten setzte eine rege Bautätigkeit ein, große Wohnblöcke mit Vorderhaus, Seitenflügeln und Quergebäuden entstanden. Sie gelten als die ersten Mietskasernen.[1]

Heute sind neben dem Brandenburger Tor noch Reste der Akzisemauer zu sehen. In der Hannoverschen Straße befindet sich ein unter Denkmalschutz stehendes Teilstück der Mauer, das in das Haus Nr. 9 eingebunden ist. In der Stresemannstraße wurde ein Teil der Fundamente der Akzisemauer ausgegraben und 1987 ein Teil der Mauer zu Anschauungszwecken wieder errichtet.

Lage der Akzisemauer und Stadttore

Der Verlauf der Akzisemauer und insbesondere die Lage der Stadttore zum Zeitpunkt des Abrisses der Mauer sind noch heute an Benennungen vor allem von Plätzen erkennbar. Im Uhrzeigersinn hatte die Akzisemauer die folgenden 18 Stadttore und zwei flussseitige Zufahrten:

Brandenburger Tor 1764, Blick nach Westen auf den Tiergarten

- Brandenburger Tor (Pariser Platz /Unter den Linden) als einziges noch heute erhaltenes Stadttor.
- Unterbaum (dort, wo die Unterbaumstraße auf die Spree trifft).
- Neues Tor (Platz vor dem Neuen Tor).
- Oranienburger Tor (Torstraße /Friedrichstraße): Die Kreuzung Linienstraße/Oranienburger Straße markiert eine frühere Position des Tores. Die Torstraße wurde erst 1994 so benannt, allerdings trug ein Teil der Straße bereits im 19. Jahrhundert vorübergehend diesen Namen. Das Oranienburger Tor wurde nach dem Abriss an die Brandenburger Gemeinde Groß Behnitz verkauft und dort aufgestellt.
- Hamburger Tor (Torstraße /Kleine Hamburger Straße).

- Rosenthaler Tor (Torstraße /Rosenthaler Straße am Rosenthaler Platz).
- Schönhauser Tor (Torstraße /Schönhauser Allee).
- Prenzlauer Tor (Torstraße /Prenzlauer Allee).
- Königstor (bis 1809 Bernauer Tor, Greifswalder Straße /Am Friedrichshain): Das Tor erhielt seinen Namen, nachdem der preußische König Friedrich Wilhelm III. nach seiner Flucht nach Ostpreußen durch dieses Tor nach Berlin zurückkehrte.
- Landsberger Tor (Landsberger Allee /Friedenstraße).
- Frankfurter Tor (deutlich westlich des heutigen gleichnamigen Platzes und U-Bahnhofes, etwa am U-Bahnhof Weberwiese).
- Stralauer Tor (zunächst *Mühlentor*) (Warschauer Straße /Stralauer Allee /Mühlenstraße).
- Oberbaum (Oberbaumbrücke).
- Schlesisches Tor (zunächst *Wendisches Tor*) (Skalitzer Straße /Schlesische Straße am U-Bahnhof Schlesisches Tor).

Leipziger/Potsdamer Tor um 1800

Rosenthaler Tor um 1800

- Köpenicker Tor (Lausitzer Platz).
- Kottbusser Tor (Skalitzer Straße /Kottbusser Straße am U-Bahnhof Kottbusser Tor).
- Wassertor (Wassertorplatz): Das Tor entstand bei der Anlage des Luisenstädtischen Kanals an der Stelle, wo dieser die Stadtmauer durchfloss.
- Hallesches Tor (Hallesches Ufer /Mehringplatz am U-Bahnhof Hallesches Tor).
- Anhalter Tor (Stresemannstraße /Anhalter Straße am S-Bahnhof Anhalter Bahnhof).
- Potsdamer Tor (Leipziger Platz /Potsdamer Platz).

Ähnliche Bauwerke in anderen Städten

Neben den oft festungsähnlichen Stadtmauern der Städte dienten vor dem Bau von Akzisemauern die vorgelagerten Landwehren der allgemeinen Transportkontrolle und Zollerhebung. Meist wurden diese nur mit einem Gebück verstärkt, teilweise sind jedoch auch Zäune oder Palisaden in Gebrauch gewesen wie etwa bei der Frankfurter Landwehr. Der Bau von Mauern an Zollgrenzen kam vor allem im preußischen Staat mit seinen umfassenden Landrekrutierungen auf, da diese Form der Verstärkung die Desertion von Soldaten erschwerte. Ähnliche Maueranlagen fanden sich daher mehrfach im Preußen des 18. und 19. Jahrhunderts. Die Zollmauer von Potsdam, einer Residenz der preußischen Könige, wurde im Jahr vorher ab 1733 errichtet und bestand bis 1869. Deren Reste sind in den noch erhaltenen Stadttoren wie Jägertor (1733), Nauener Tor (1733/1755) und Brandenburger Tor (1733/1777) zu erkennen. Das Brandenburger Tor von Potsdam ist dabei nicht mit dem gleichnamigen Tor von Berlin zu verwechseln.

Literatur

- Helmut Zschocke: *Die Berliner Akzisemauer – Die vorletzte Mauer der Stadt*, Berlin Story Verlag, Berlin 2007. ISBN 978-3-929829-76-1.

Einzelnachweise

[1] Hans Prang, Horst Günter Kleinschmidt: *Durch Berlin zu Fuß*, VEB Tourist Verlag Berlin Leipzig, 1983; Seiten 28–29

Potsdamer_Tor

Das **Potsdamer Tor** von Berlin war Teil der Berliner Zollmauer (Akzisemauer). Es wurde 1734 errichtet und 1824 durch einen Neubau ersetzt. Die Reste des Tores wurden 1961 abgerissen.

Das alte Potsdamer Tor, vor 1824

Das alte Potsdamer Tor

Das Potsdamer Tor entstand 1734 im Zuge des Baus der Berliner Akzisemauer, die die neu entstandenen kurfürstlichen Städte und weitere Vorstädte umfasste und in dessen Folge die alten Festungsmauern geschleift wurden. Die Akzisemauer begrenzte an dieser Stelle die von Friedrich Wilhelm I. noch einmal erweiterte Friedrichstadt. Das Tor, das den Durchgangsweg durch die Zollmauer in Richtung der Residenzstadt Potsdam markierte, übernahm dabei die Funktion des vorherigen Leipziger Tores am gleichen Straßenzug von Berlin nach Potsdam zwischen der Friedrichstadt und Friedrichswerder – lange Zeit wurde daher das alte Potsdamer Tor auch synonym als *Neues Leipziger Tor* bezeichnet. Das alte Leipziger Tor in der Nähe des späteren Spittelmarkts hatte nach dem Bau der Berliner Festungsanlage im 17. Jahrhundert das *Gertraudentor* der alten Stadtmauer von Berlin/Cölln ersetzt.

Das neue Potsdamer Tor, um 1830

Das 1734 errichtete Potsdamer Tor hatte Sandsteinpfeiler, die im barocken Stil mit Säulen und Trophäen verziert waren. Auf seiner Innenseite war im Zuge der Erweiterung der Friedrichstadt als Endpunkt der alten Leipziger Straße ein achteckiger Platz, das „Octogon", angelegt worden, der zur Erinnerung an die Völkerschlacht bei Leipzig 1813 Leipziger Platz genannt wurde. Auf der Außenseite kreuzte der Ringweg um die Akzisemauer die beginnende Landstraße nach Potsdam, die heutige Potsdamer Straße, die 1792 als preußische Staatschaussee ausgebaut wurde.

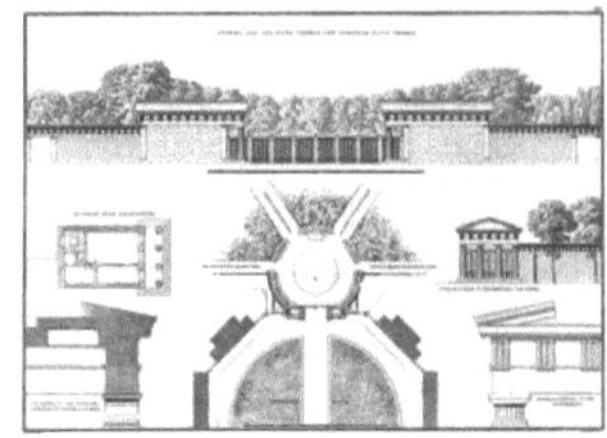

Entwurfsplan des Ensembles am Potsdamer Tor von Karl Friedrich Schinkel

Das neue Potsdamer Tor

Das neue Potsdamer Tor am Leipziger Platz, 1900

Da das alte Tor baufällig geworden war, wurde im Jahre 1824 durch Karl Friedrich Schinkel, der auch für viele andere repräsentative Bauten dieser Zeit in Berlin verantwortlich zeichnet, das ‚Neue Potsdamer Thor' errichtet. Die beiden Torpfeiler wurden durch zwei neue Torhäuser im klassizistischen Stil ersetzt, die etwas stadteinwärts am Ausgang des Leipziger Platzes errichtet wurden. Schinkel erbaute zwei einander zugewandte Gebäude mit je einer viergliedrigen Säulenreihe davor im griechischen Stil. An die Stelle des Alten Potsdamer Tors setzte er eine Grünanlage, die den Berlin-Besucher empfangen sollte. Diese – zuerst *Platz vor dem Potsdamer Thor* genannte – Anlage wurde 1831 in *Potsdamer Platz* umbenannt.

Die Torhäuser des Schinkelschen Potsdamer Tores wurden beim Abriss der Berliner Zollmauer 1867 beibehalten und prägten mit ihrer klassizistischen Architektur die Plätze zu beiden Seiten des nun offenen Torwegs. Im Zweiten Weltkrieg wurde das Neue Potsdamer Tor jedoch fast vollständig zerstört, als Ruine verblieben nur die Fundamente und aufsitzende Stümpfe. Diese Reste standen dem Bau der Berliner Mauer im Jahre 1961 im Wege und wurden aus diesem Anlass geschleift.

Im Zuge der Wiederbebauung des Potsdamer und des Leipziger Platzes in den 1990er Jahren wurden genau an den Stellen, auf denen die beiden Torhäuser standen, zwei neue, offene, nur von jeweils einer Brüstung umbaute Zugänge zum unterirdischen S-Bahn- und Regionalbahnhof Potsdamer Platz errichtet. Zwei ursprünglich an diesen Stellen vorgesehene, von Oswald Mathias Ungers entworfene, einfache Pavillonbauten wurden nicht verwirklicht.

Literatur

- „Entstehung von Leipziger und Potsdamer Platz" [1] bei *berlin:street*, 2009
- „Von der Wegkreuzung zum Verkehrsknotenpunkt" [2] bei *potsdamer-platz.net*, 2005
- Leipziger und Potsdamer Platz [3] beim Luisenstädtischen Bildungsverein

Weblinks

- Schinkelsche Torhäuser (Potsdamer Tor) auf dem Leipziger Platz [4]

Koordinaten: 52° 30′ 34″ N, 13° 22′ 38″ O [5]

References

[1] http://www.berlinstreet.de/1308
[2] http://www.potsdamer-platz.net/zukunft.php
[3] http://www.luise-berlin.de/Stadtentwicklung/texte/2_28_leipzigerpl.htm
[4] http://www.potsdamer-platz.org/potsdamer_tor.htm
[5] http://toolserver.org/~geohack/geohack.php?pagename=Potsdamer_Tor&language=de¶ms=52.5095333333_N_13.3772333333_E_region:DE-BE_type:landmark

Askanischer_Platz

Askanischer Platz heißt der Platz vor dem ehemaligen Anhalter Bahnhof, Stresemann- und Bernburger Straße bis Möckernstraße, im Berliner Ortsteil Kreuzberg des Bezirks Friedrichshain-Kreuzberg.

Askanischer Platz vor dem Anhalter Bahnhof, um 1910

Vom Viehmarkt zum Bahnhofsvorplatz

Für den am 1. Juli 1841 in Betrieb genommenen Kopfbahnhof der Berlin-Anhalter Bahn wurde 1840 ein neues Stadttor, das Anhalter Tor, in die Akzisemauer eingefügt. Dieses stand etwa auf halbem Wege zwischen dem nördlicheren Potsdamer Tor und dem südlicheren Halleschen Tor an der Kommunikation, der heutigen Stresemannstraße. Der Platz vor dem Anhalter Tor erhielt nach dem Fall der um 1867 abgerissenen Zollmauer seine heutige Gestaltung.

Portalrest „Neues Anhalter Tor", 2005

Die offizielle Namensnennung für das vom Viehmarkt zum Bahnhofsvorplatz aufgestiegene Areal erfolgte aber bereits 1844. Die Namensgebung war eine Reminiszenz an das Geschlecht der Askanier in Anhalt, deren Region nun auch per Eisenbahn mit Berlin verbunden war. Erinnern sollte der Name ferner an die Brandenburger Linie der Askanier, die 1157 mit Albrecht dem Bären die Mark Brandenburg gegründet und bis zu ihrem Aussterben im Jahr 1320 regiert hatte. Die askanischen Markgrafen Johann I. und Otto III. hatten zudem im 13. Jahrhundert den Ausbau der späteren Doppelstadt Berlin-Cölln gezielt gefördert. Auch die umliegenden Straßen erhielten nun ihre Namen passend zum Bahnhof nach den Städten Bernburg, Dessau und Köthen in Anhalt.

Das Stadtgebiet um den Askanischen Platz mit dem belebten Anhalter Bahnhof und dem pulsierenden Potsdamer Platz war eine begehrte Berliner Adresse. Die imposante, 1880 eingeweihte neue Bahnhofshalle beherrschte ganz eindeutig das Stadtbild. Im Zweiten Weltkrieg wurde das Bauwerk jedoch schwer beschädigt und in den Jahren 1959/1960 schließlich bis auf einen Portalrest („Neues Anhalter Tor") abgetragen.

Neue Zeiten – nüchterne Architektur

Nach dem Verschwinden der prunkvollen Architektur des Anhalter Bahnhofs kehrte rund um den Platz die Nüchternheit der neuen Zeit ein. Einer ihrer Vertreter ist das 1997 vom Architekturbüro *HPP Hentrich, Petschnigg & Partner* erbaute Büro- und Wohnhaus am Askanischen Platz Ecke Schöneberger Straße.

Das Gebäude zeigt zwei Gesichter: Hohe französische Fenster prägen die Front an der Schöneberger Straße, horizontal strukturierte, übereinander liegende Büroetagen die Front auf der Platzseite. Zwischen herausragenden Treppentürmen treten die begrünten Terrassen zweigeschossiger Maisonette-Wohnungen hervor.

Aufbruchstimmung macht sich breit

Das im Jahr 2002 fertiggestellte *Neue Tempodrom* auf dem Gelände des ehemaligen Anhalter Bahnhofs hat der Stadtentwicklung im Quartier unverkennbar Auftrieb gegeben. Hotels schossen in den letzten Jahren wie Pilze aus dem Boden; die *Berliner Morgenpost* sprach von „Aufbruchstimmung" und berichtete:

> „Erst vergangene Woche kündigte die ‚Bundeszentrale der Angestellten-Krankenkassen' den Umzug zum Askanischen Platz an, an der Ecke Stresemann- /Erna-Berger-Straße baut das Bundesumweltministerium, das neue ‚Dokumentationszentrum der Vertriebenen' zieht ins ‚Deutsche Haus' an der Ecke Stresemann- /Anhalter Straße"
>
> – *Berliner Morgenpost* vom 4. Januar 2008

Der Verlag des *Tagesspiegels* mit seinen Töchtern *zitty* und *Zweite Hand* bezogen im Oktober 2009 ihr neues Domizil am Askanischen Platz 3 zusammen mit der Redaktion von *Zeit Online*. Alle gehören zum Holtzbrinck-Verlag.

Der aktuelle Trend deutete sich schon im 1998 bis 2000 durchgeführten Umbau des in unmittelbarer Nähe (Stresemannstraße 92) liegenden Europahauses an. Das unter Denkmalschutz stehende dreiteilige Gebäudeensemble aus den 1920er-Jahren beherbergt unter anderem die Hauptverwaltung des Entwicklungshilfeministeriums, eine Kontaktstelle des Robert Koch-Instituts sowie die Wasser- und Schifffahrtsdirektion Ost.

Literatur

- Markus Sebastian Braun (Herausgeber): *Berlin – Der Architekturführer*. Verlagsgruppe Econ Ullstein List, München 2001, ISBN 3-88679-355-9, S. 252.

Weblinks

- Askanischer Platz. [1] In: *Straßennamenlexikon des Luisenstädtischen Bildungsvereins* (beim Kaupert)
- Büro-und Geschäftshaus am Askanischen Platz 4 [2] bei der Senatsverwaltung für Stadtentwicklung

Koordinaten: 52° 30′ 14″ N, 13° 22′ 54″ O [3]

References

[1] http://berlin.kauperts.de/Strassen/Askanischer-Platz-10963-Berlin#Geschichte

[2] http://stadtentwicklung.berlin.de/planen/stadtmodelle/de/datenbank/ausgabe.php?modus=liste&ProjektID=490&pl=_21

[3] http://toolserver.org/~geohack/geohack.php?pagename=Askanischer_Platz&language=de¶ms=52.504_N_13.3816666667_E_region:DE-BE_type:landmark

Görlitzer_Bahnhof

Der **Görlitzer Bahnhof** im Berliner Ortsteil Kreuzberg war Ausgangspunkt der Eisenbahnstrecke über Cottbus nach Görlitz. Auf dem ausgedehnten Bahnhofsgelände befindet sich seit den 1990er Jahren der Görlitzer Park. Den Namen *Görlitzer Bahnhof* trägt heute nur noch der in der Nähe gelegene U-Bahnhof Görlitzer Bahnhof.

Spreewaldplatz mit dem Görlitzer Bahnhof 1928

Im Nordwesten des Geländes liegt der *Spreewaldplatz*, der damalige *Bahnhofsvorplatz*. Im Norden schließt der Lausitzer Platz mit der zwischen 1890 und 1893 nach Planungen von August Orth erbauten Emmauskirche das Gebiet ab, getrennt vom Bahnhofsgelände durch den Viadukt der auf der heutigen Skalitzer Straße verlaufenden Hochbahntrasse der ersten Berliner U-Bahn. Im Süden grenzt das Gelände an den Landwehrkanal und damit an den Ortsteil Alt-Treptow.

Geschichte

Görlitzer Bahnhof 1872

Der Görlitzer Bahnhof war Endpunkt einer Privatbahnlinie des „Eisenbahnkönigs" Strousberg, der Berlin-Görlitzer Eisenbahn, dort mit Anschlüssen nach Breslau und Wien. Das Bahnhofsgebäude im Neorenaissancestil geht wie die Emmauskirche auf Entwürfe des Architekten August Orth zurück. Der Baubeginn lag im Jahr 1865. Da das Gelände sehr weitläufig war, wurde als Abkürzung für querende Fußgänger etwa in der Mitte unter dem Bahnhofsgelände zwischen dem Ende der Liegnitzer Straße und der Oppelner Straße ein Fußgängertunnel, der sogenannte „Görlitzer Tunnel", angelegt. Gelegentlich wurde der rund 180 Meter lange Tunnel auch als die „Harnröhre" bezeichnet.

Am 13. September 1866 fuhr hier der erste Zug: Ein Militärzug in den Preußisch-Österreichischen Krieg. Am 31. Dezember 1867 wurde die komplette Strecke der Görlitzer Bahn eröffnet. Vorher reichte sie nur bis Cottbus. Der *Görlitzer Bahnhof* war – wie die meisten Fernbahnhöfe in Berlin – ein Kopfbahnhof.

Die Eisenbahn nach Görlitz verlief durch die Landschaften Spreewald und Niederlausitz, woran auch die Namen der umliegenden Plätze erinnern. Der Bahnhof war über ein in das Pflaster der Skalitzer Ecke Gitschiner Straße eingelassenes Gleis mit den Gaswerken an der Prinzenstraße (heute *Böcklerpark/Prinzenbad*) verbunden, die auf diesem Weg auch mit Kohle versorgt wurden. Im Fahrplan von 1914 gab es vom Görlitzer Bahnhof Züge über Cottbus nach Görlitz und nach Breslau.

Stadtplan 1902: das Gebiet rund um die Lohmühleninsel. Der Görlitzer Bahnhof lag nordwestlich der Insel

Seit 1902 passiert die Berliner U-Bahn die Skalitzer Straße, sie hält unter anderem auch an einem gleichnamigen Hochbahnhof.

In den 1930er-Jahren war geplant, den Kopfbahnhof aufzugeben und dafür das gesamte Areal über eine als Ost-West-S-Bahn bezeichnete Tunnelstrecke bishin zum Anhalter Bahnhof anzuschließen. Vorgesehen war eine Station *Görlitzer Bahnhof* unmittelbar am Spreewaldplatz. Nach 1945 wurden diese Pläne seitens des Berliner Senats weiterverfolgt und erst 1985 aufgegeben.

Am 29. April 1951 wurde am Görlitzer Bahnhof der letzte Vorortzug nach Königs Wusterhausen abgefertigt. Einen Tag später übernahm die elektrische S-Bahn diese Verbindung über Ostkreuz, ohne West-Berlin zu durchfahren.

Im Zweiten Weltkrieg war das Bahnhofsgebäude beschädigt worden. Nach dem Wegfall des Zugverkehrs wurden die Gebäude auf Betreiben des damaligen Bausenators Rolf Schwedler trotz Protesten der Kreuzberger Kiezbewohner in den Jahren zwischen 1961 und 1967 schrittweise abgebrochen. Begründet wurde dies mit dem Ziel der Neubebauung des nicht mehr benötigten Bahngeländes, die jedoch niemals erfolgte. Auch zum Bau der in den 1970er Jahren geplanten Südtangente der Stadtautobahn über das Gelände des Bahnhofs ist es niemals gekommen. In den 1980er-Jahren wurde dann ein Erlebnisbad unter dem Namen *Spreewaldbad* erbaut, und ein Stadtteilpark nach Plänen der Freien Planungsgruppe Berlin auf dem Bahngelände errichtet. Die noch vorhandenen Güterschuppen wurden in das Konzept einbezogen.

Am Bahnhof Berlin-Schöneweide betrieb die DDR eine Zollabfertigung für West-Berliner Güterzüge, die den Görlitzer Bahnhof von Neukölln her anfuhren. Am 13. August 1961 wurde die Verbindung dann durch den Mauerbau unterbrochen. Danach war der Görlitzer Güterbahnhof nur noch über eine Zufahrt vom Güterbahnhof Treptow[1] zu erreichen. Bis 1985 verkehrten über die Verbindung noch Güterzüge zu auf dem Bahnhofsgelände ansässigen Betrieben (Kieslager, Lagerschuppen einer Spedition, Schrottplatz). An der Landwehrkanalbrücke war dafür extra ein kleiner Grenzübergang eingerichtet worden. Reste der eisernen Beschaubrücke an dieser Stelle sind bis heute erhalten. Heute erinnern nur noch ein kurzes Stück Gleis östlich der Kanalbrücke und zwei ehemalige Güterschuppen im Görlitzer Park an die ehemalige Bahnhofsnutzung.

Gegenwart

Reste des Fußgängertunnels im Park

Auf dem Gelände des alten *Görlitzer Bahnhofs* befindet sich seit den 1990er Jahren der Görlitzer Park, in den einige Überbleibsel des Bahnhofs integriert sind. So verbanden im Süden des heutigen Parks mehrere Eisenbahnbrücken das Bahnhofsgelände mit dem Bezirk Treptow, von denen noch eine erhalten ist und als Fußgängerbrücke direkt vom Park südlich der Lohmühleninsel über den Landwehrkanal führt. Ebenfalls im südlichen Teil des Geländes, in der vom Görlitzer Ufer und der Wiener Straße gebildeten Ecke, befand sich ein Lokschuppen mit Drehscheibe. An dieser Stelle besteht heute ein Hügel mit Rutsche und Schlittenbahn.

Der *Görlitzer Tunnel* war bis mindestens Ende 1989 noch begehbar und wich mit der Öffnung des Parks einer großen Mulde in der Mitte des Parks. Die ehemaligen Mauern des Tunnels wurden als Gestaltungselement mit einbezogen und sind noch heute erkennbar.

Trivia

Der Görlitzer Bahnhof ist auch Ausgangspunkt der Fahrt zweier Hauptfiguren in *Irrungen, Wirrungen* von Theodor Fontane zum nicht mehr existierenden Haltepunkt Hankels Ablage.

Siehe auch

- Preußische Staatseisenbahnen

Literatur

- Emil Galli: *Görlitzer Bahnhof / Görlitzer Park – Berlin-Kreuzberg*; ed. Verein Görlitzer Park; SupportEdition: Berlin 1994; ISBN 3-927869-09-0.

Einzelnachweise

[1] *Beitrag: Luftbilder von den Gleisanlagen zum Görlitzer Bahnhof im Bereich der Grenzanlagen* (http://www.stadtschnellbahn-berlin.de/strecken/18/tpk.php) Website www.stadtschnellbahn-berlin.de. Abgerufen am 27. Februar 2011

Koordinaten: 52° 29′ 56″ N, 13° 25′ 53″ O

Lokschuppen

Lokschuppen oder auch **Lokremise** ist die Bezeichnung des Unterstellplatzes von Lokomotiven in Betriebswerken oder Lokomotivstationen der Bahn. Im Wesentlichen haben sich drei Bauformen ergeben; der **Rechteckschuppen**, das **Rundhaus** und der **Ringlokschuppen**.

eine BR 52 auf einer Drehscheibe vor dem Ringlokschuppen des Eisenbahnmuseums Bw Dresden-Altstadt

Um im Lokschuppen Instandhaltungsarbeiten am Fahrwerk der Lokomotiven vornehmen zu können, gibt es häufig Gruben unter den Gleisen. Lokschuppen, in denen Dampfloks angeheizt werden (daher die österreichische Bezeichnung **Heizhaus**), haben über jedem Gleis einen Rauchabzug.

Rechteckschuppen

Die einfachste Bauform ist der Rechteckschuppen, der für die Unterbringung von einer bis zu einer zweistelligen Zahl von Lokomotiven dienen kann. Der Rechteckschuppen wird auch heute noch gebaut. Die meisten Rechteckschuppen, die im 19. Jahrhundert entstanden, waren über eine Weichenstraße zu befahren. Größere Schuppen wurden gelegentlich mit einer vorgelagerten Drehscheibe oder Schiebebühne versehen. Bei den Rechteckschuppen, die im Zuge des staatlich erleichterten Nebenbahnbaues in Deutschland ab etwa 1900 gebaut wurden, war dies nicht nötig, weil auf Nebenbahnen normalerweise nur Tenderlokomotiven verkehrten, die nicht gedreht werden mussten.

Einer der ältesten Lokschuppen Deutschlands (rechter Teil, erbaut entweder schon mit der Ludwig-Süd-Nord-Bahn um 1844 oder mit der Bahnstrecke Nürnberg–Würzburg um 1862/65), befindet sich in Fürth und verfällt.

Große Teleskopschuppen finden sich auch in Verbindung mit vorgelagerten oder innen liegenden Schiebebühnen, etwa in Ausbesserungswerken oder wo nur Fahrzeuge untergebracht werden, die nicht gedreht werden müssen. Es gab aber auch Kastenschuppen mit Schiebebühnen für Dampflokomotiven, wie in Hagen oder Lehrte, wobei sich auf dem Gelände dann eine separate Drehscheibe befand.

Rundhaus

Das Rundhaus, auch *Rotunde*, Heizhausdom, Kreis-, Rund- oder Zentralschuppen genannt, besteht aus einem kreisrunden Gebäude, in dessen Mitte sich die Drehscheibe befindet, um die sich sternförmig die Abstellgleise für die Lokomotiven anschließen. Das Rundhaus hat eine oder mehrere Zufahrten von außen und ist ansonsten komplett überdacht. Auf diese Weise war auch die Drehscheibe vor schlechter Witterung geschützt. Gelegentlich wurden die Bauwerke zu Beginn des Eisenbahnzeitalters auch mit einem Ausschlackplatz mit Wasserkran am Einfahrgleis ausgestattet. Die Bauzeit des Rundhauses beschränkte sich im Wesentlichen auf das 19. Jahrhundert. In Deutschland wurde das letzte Rundhaus 1893 in Berlin-Pankow mit 24 Gleisen erbaut. Rundhäuser waren in Bahnknotenpunkten Europas und Nordamerikas durchaus verbreitet. Mit der Beschaffung längerer Lokomotiven wurden die meisten Rundhäuser aufgegeben, weil man sie nicht wie Rechteck- oder Ringschuppen ohne weiteres vergrößern konnte. In Deutschland gibt es nur noch zwei Rundhäuser (Güterbahnhof Berlin-Pankow und in der Einfahrt zum Bw Berlin-Rummelsburg); das drittletzte Rundhaus wurde im April 1978 in Paderborn abgerissen. Weitere Rundhäuser preußischer Bauart stehen noch in Polen und Russland (ehemals Ostpreußen).

Lokschuppen in Berlin-Pankow

Ringschuppen

Der Ringschuppen ist eine Bauform des Lokomotivschuppens, die sich aus den Erfahrungen mit den Rundhäusern ergab. Der Ringschuppen ist grundsätzlich einer Drehscheibe angegliedert und kreissegmentartig um diese herumgebaut. Nur in seltenen Fällen konnte man bei kleinen Ringschuppen auch über eine Weichenverbindung zu den

Ringlokschuppen mit Drehscheibe

Dampflokomotiven im Ringlokschuppen der Chicago and North Western Railway in Chicago

Lokschuppengleisen gelangen, auf eine Drehscheibe wurde in diesen Fällen verzichtet. Heute trifft man diese Situation bei einigen Ringschuppen erneut an, da man die Drehscheibe aus Gründen der Wartungkostenersparnis ausgebaut hat.

In Deutschland wurden in der Regel zunächst vier- bis sechsständige Ringschuppen gebaut, die dann im Laufe der Jahre mit dem Anwachsen des Verkehrs erweitert wurden; oft halbkreisförmig. In seltenen Fällen baute man auch zwei Ringschuppen direkt aneinander, oder wie im Bahnbetriebswerk Hamburg-Altona die beiden Ringschuppen zu einem großen, fast geschlossenem Oval, bei dem ursprünglich zwei dicht nebeneinander liegende unterschiedlich große Drehscheiben die Zufahrgleise zu den unterschiedlich langen Lokschuppen bedienten. Später entwickelten sich in Altona die beiden einzelnen Drehscheiben zu zwei ineinandergreifenden, großen Drehscheiben. Der Lokschuppen wurde inzwischen abgerissen.

Ringschuppen wurden in vielen Fällen auch teilweise oder komplett nach außen hin verlängert, wenn dort längere Lokomotiven beheimatet wurden. Sie wurden auch noch im 20. Jahrhundert neu gebaut; zum Beispiel im Bahnbetriebswerk Rheine oder 1972 im Bw Saalfeld.

In den meisten Lokschuppen können zumindest kleinere Reparatur- und Wartungsarbeiten durchgeführt werden, wobei größere Lokschuppen auch eigene Werkstattanbauten und -gleise besitzen.

Beispiele

- Ringlokschuppen Mülheim
- Ringlokschuppen Piła
- Ringlokschuppen Skierniewice

Weiternutzung alter Gebäude

Zahlreiche (Ring-)Lokschuppen, die heute nicht mehr ihrem ursprünglichen Zweck dienen, sind durch Umbau in Kultur- und Veranstaltungszentren dem endgültigen Verfall entgangen. Da diese Bauten aufgrund ihrer Bauform oft eine gute Akustik besitzen, eignen sie sich sehr für Konzerte. Bekannte Vertreter dieser Gruppe sind der Ringlokschuppen in Bielefeld und der Lokschuppen in Rosenheim.

Literatur

- Markus Tiedtke: *Bahnbetriebswerke. Teil 3 Drehscheiben und Lokschuppen.* EK Special 34, EK-Verlag Freiburg

Siehe auch

- Parowozownia Pilska Okraglak
- Ringlokschuppen Skierniewice

Article Sources and Contributors

Berliner_Verbindungsbahn *Source*: http://de.wikipedia.org/w/index.php?title=Berliner_Verbindungsbahn *Contributors*: Axpde, BLueFiSH.as, Chesk, Definitiv, Dieter Weißbach, Dimmi81, Komischn, Liesel, Lley, Norbirt, ONAR, PDD, PeeCee, Platte, Pyxlyst, Saehrimnir, Schlesinger, Srittau, 9 anonymous edits

Kopfbahnhof *Source*: http://de.wikipedia.org/w/index.php?title=Kopfbahnhof *Contributors*: $traight-$hoota, 217125121169, A.Savin, ALE!, ALoK, Aka, Albinfo, Alexander Fischer, AlfredR, Alofok, Andre Riemann, AndreasPraefcke, Antarigo, Arne List, Atari-Frosch, BIL, Beary, Bender235, Bernina, Blaubahn, Bobo11, Bukk, Bärski, CHNB, Chrono, Conny, Cornischong, Cosal, Crazyberserk, Daffylein, Dieter Broman, Drahtloser, Dreaven3, Druckwelle, Ecki, Egg, Elisabeth59, Enslin, Ephraim33, Euku, Falk2, Faring, Filzstift, Firobuz, Flederohr, Focus mankind, Frank Reinhart, Frantisek, FredericII, Fristu, Geichler, Geo-Loge, Global Fish, Gumbel, Gunnar1m, Haster, Horst, Howwi, Hubertl, Humpyard, JanSuchy, Jcornelius, Joh999, Jüppsche, KaPe, Kapitan, Keimzelle, Kjunix, KlausFoehl, Kritischer Geist, Köhl1, Lampart, Liesel, Magadan, Markus.thor, Mathemaster, Mattes, Mawa, Medi-Ritter, Melkom, Mhp1255, Michael Sander, Moino, Muns, Mutter Courage, Nb, Nichtbesserwisser, Nordgau, Ocrho, Pecalux, Pepicek, Philipp Gross, Platte, Preussag, Querido, Rainer Lippert, Raymond, Reinhard Dietrich, Reinhard Kraasch, Revontuli, Rotkäppchen, Rynacher, Sa-se, Salocin, Sam Gamdschie, Sascha Claus, Shelm23, Sicherlich, Silenus, Simon-Martin, SonniWP, Sorcuring, Steffen M., SteveK, Thierry Gschwind, Thorbjoern, TomAlt, Umschattiger, Vanellus, Vernher, Vertigo Man-iac, Voyager, Wahldresdner, Wittkowsky, Xayal, Xls, 130 anonymous edits

Berliner_Ringbahn *Source*: http://de.wikipedia.org/w/index.php?title=Berliner_Ringbahn *Contributors*: A.Savin, A.bit, APPER, Albrecht Conz, Andy1982, Apokalyptix, Axpde, BC237B, BLueFiSH.as, Berliner76, Bigbug21, Boonekamp, Bruhaha, Christoph.sta, D4rt8W0ll1, DanBR480, DanM, Dasas, Definitiv, Dieter Broman, Dieter Weißbach, DrHok, Dubium, Emmridet, ErikDunsing, Eynre, Fomafix, Gerd Taddicken, Global Fish, Guidod, Gunnar722, Handige Harrie, Howwi, Hseffler, Humpyard, JFKCom, Jcornelius, Jed, Jergen, Jivee Blau, Jo.Fruechtnicht, Jorges, Jottlieb, Jumbo1435, Jwnabd, KUI, Kiki-tiki-wiki, Knochen, Leit, MG freeze, Martin-vogel, Michael Dittrich, Miguel Andrade, Muns, Möchtegern, Nicor, Norbirt, PDD, Pati250, Pco, Peter Littmann, Platte, Proesi, Proofreader, PsY.cHo, Pyxlyst, Robert Weemeyer, Saehrimnir, Sansculotte, Sebastian35, Shaqspeare, Shoot the moon, Srittau, Stadtmaus0815, Stefan Tollkühn, Stevy76, Sunergy, Superbass, Tuvalkin, UdoP, Useddenim, Vintagesound, Vodeg, Wikinger86, Zweigleisig, 64 anonymous edits

Berlin_Nordbahnhof *Source*: http://de.wikipedia.org/w/index.php?title=Berlin_Nordbahnhof *Contributors*: A.Savin, Axel.Mauruszat, BLueFiSH.as, Baumi, Beek100, Bobo11, Brackenheim, Bruhaha, Bukk, Cosmobird, Definitiv, Dieter Weißbach, Ememaef, Emmridet, ErikDunsing, Eschweiler, Exxu, Frantisek, Franz Richter, Georg Müller, Global Fish, Gödeke, Horst, Jcornelius, Jed, Jo-ra-be, Jorges, Jwnabd, Kandschwar, Kuli, Landpommeranze, Langec, Limasign, Lotse, MB-one, Magadan, Mef.ellingen, Monsterxxl, Muns, Mws.richter, N-Lange.de, Nicolas G., Nicor, ONAR, Oliver S.Y., Palü, Platte, Radschläger, Rauwauwi, Rudolfox, Rybak, Sansculotte, Satyrios, Shaqspeare, Srittau, TA, Tobnu, TomAlt, UdoP, Video2005, WHVer, Wehrmann, Wikidienst, Wikifreund, WilhelmRosendahl, YourEyesOnly, 37 anonymous edits

Hamburger_Bahnhof_(Berlin) *Source*: http://de.wikipedia.org/w/index.php?title=Hamburger_Bahnhof_%28Berlin%29 *Contributors*: A.Savin, A.bit, Alexrk2, Axpde, BLueFiSH.as, Balduin2, Beek100, Bobo11, Boxerfan, Bruhaha, Catrin, Continuum, Definitiv, Doktor Datentod, Dub8lad1, Duden-Dödel, EWriter, Eisenacher, Emmridet, Engie, Entlinkt, ErikDunsing, Eschenmoser, Eschweiler, Exxu, Feuerspiegel, Frantisek, FreeArt, Georg Slickers, Global Fish, Gödeke, H. Michael Stahl, Head, Ilion, Jcornelius, JuergenG, Junkermike, Jwnabd, Kandschwar, Karl-Henner, Kulf, Leshonai, Lley, Löschfix, Magadan, Matthiasberlin, Mef.ellingen, Mhp1255, Mogelzahn, Nicor, Nikkis, Nobi-nobita, ONAR, Orsika, Polemos, Regenschirmwetter, RIbberlin, Rybak, SCPS, Sansculotte, Satyrios, Schlurcher, Schubertfreak, Shaqspeare, Simon-Martin, Sir James, Srittau, Stefan Kühn, Thomas Tunsch, Thot 1, Uwe Gille, Visitator, W!B:, WHell, WikiJourney, Woches, Xyboi, Zazou, 49 anonymous edits

Bahnhof_Berlin_Potsdamer_Platz *Source*: http://de.wikipedia.org/w/index.php?title=Bahnhof_Berlin_Potsdamer_Platz *Contributors*: .rhavin, A.Savin, APPER, Alexrk2, Anne Neumann, Antarktika, Asdfj, Axpde, BLueFiSH.as, Beek100, Ben Ben, Berlinfreak, Bigbug21, Blunt., Boonekamp, Cosmobird, Cubex, Dabbelju, Darthlanos, Definitiv, DerPaul, Dieter Weißbach, Eisenacher, Ememaef, Emmridet, ErikDunsing, FkMohr, FloSch, Frantisek, Friedemann Lindenthal, Gamgee, Georg Müller, Global Fish, Guidod, Happolati, Horst, Igno-der-ant, In3s, Iotatau, Iste Praetor, Jcornelius, Jed, Jensre, Jorges, Jumbo1435, Klerikaler Dunkelmann, Knoerz, L.Willms, Leshonai, Lienhard Schulz, Liesel, Limasign, Lley, Löschfix, MG freeze, Magadan, Matthias Arndt, Meisterkoch, Mewtwo, Michael Sander, Minderbinder, NaHSO4, Netnet, Nichtbesserwisser, Nicor, Nils Storrer von Storowskij, ONAR, PDD, Palü, Platte, Pulpi, RE160, Radschläger, Revolus, Rudolfox, STBR, Saehrimnir, Sansculotte, Scheppi80, Shaqspeare, Sinn, Sir, Srittau, Tilo23, Tschäfer, UdoP, Vimu, Vintagesound, Visi-on, WilhelmRosendahl, Xyboi, Zuzien1, 64 anonymous edits

Berlin_Anhalter_Bahnhof *Source*: http://de.wikipedia.org/w/index.php?title=Berlin_Anhalter_Bahnhof *Contributors*: A.Savin, Aka, Alexander Fischer, Alexrk2, AndreasPraefcke, Archi-de, Arne List, Axel.Mauruszat, BLueFiSH.as, Bananasplit, Beek100, Berlin-Jurist, Berthold Werner, Bigbug21, CommonsDelinker, DaB., Definitiv, Dieter Weißbach, DrTom, Dunnhaupt, Emmridet, ErikDunsing, Eschweiler, Fice, Flibbertigibbet, Frantisek, FvR, Global Fish, Guffi, Guidod, Gödeke, Hellisven, Herr Fuchs, Ifrost, Igno-der-ant, Igorakkerman, JFKCom, Janericloebe, Jcornelius, Jivee Blau, Joha65, Jorges, Jumbo1435, Kandschwar, Kleiner Tümmler, Klugwiegoethe, Knuddel1985, Labant, Leider, Leinwand, Leit, Lienhard Schulz, Limasign, Lley, Löschfix, M.Mozart, MG freeze, Magadan, MarcoBorn, MarkusHagenlocher, Mhp1255, Michael Vogel, Mondrian v. Lüttichau, Nicor, Nightlife, ONAR, Owly, Palü, Platte, Pm, Pyxlyst, RLJ, Radschläger, Rudolfox, Rüdiger Sander, SH, Sandmann4u, Sansculotte, Satyrios, Scheppi80, Shaqspeare, Srittau, Stedaho, Steschke, Teddy1503, Trg, Video2005, WHVer, WHell, Wahldresdner, Wilhans, WilhelmRosendahl, Wilske, Xyboi, °, 68 anonymous edits

Königlich-Westfälische_Eisenbahn-Gesellschaft *Source*: http://de.wikipedia.org/w/index.php?title=K%C3%B6niglich-Westf%C3%A4lische_Eisenbahn-Gesellschaft *Contributors*: A.Savin, Aeggy, Aka, Axpde, Bronco, BurghardRichter, Definitiv, Grahamec, Guefie, Hans Schlieper, Hydro, Invisigoth67, Leser, Liesel, Markus Schweiß, Mueer01, Nordgau, Pelz, Simon-Martin, Ska13351, Tbachner, WHell, WIKImaniac, 13 anonymous edits

Invalidenstraße *Source*: http://de.wikipedia.org/w/index.php?title=Invalidenstra%C3%9Fe *Contributors*: 44Pinguine, Aka, Axel.Mauruszat, BLueFiSH.as, Berliner76, Blunt., Brick, Definitiv, Emmridet, Flominator, Goldi64, Grand Tour, Heikoschmitz, Herr Lehrer, ich weiß was!, Juhan, Magadan, NEXT903125, Nichtbesserwisser, Nicor, Nothere, Orphal, Ost38, Pyxlyst, RonaldH, Rybak, Tischlampe, Video2005, 10 anonymous edits

Berlin-Spandauer_Schifffahrtskanal *Source*: http://de.wikipedia.org/w/index.php?title=Berlin-Spandauer_Schifffahrtskanal *Contributors*: 44Pinguine, A.Savin, Alma, BLueFiSH.as, Beek100, Biberbaer, Boonekamp, Bruhaha, Bärski, Darkking3, Definitiv, Diba, DorisAntony, EWriter, Emmridet, ErikDunsing, Eschenmoser, Fairidor, Finwill, Fuzzy, Gnu1742, Guidod, H. Michael Stahl, Hadhuey, He3nry, Jackson, JuTa, JuergenL, Leit, Lienhard Schulz, Linksverdreher, MB-one, Maribert, Mazbln, Muschelschubser, Mws.richter, Nicor, Proofreader, Reinhard Kraasch, Schaengel89, Srittau, Suirenn, Th.Binder, ThoKay, Uwca, Varina, Visitator, Zahnstein, Zeuke, 5 anonymous edits

Drehbrücke *Source*: http://de.wikipedia.org/w/index.php?title=Drehbr%C3%BCcke *Contributors*: AHert, Abubiju, Aka, Albinfo, Angelika Lindner, Between the lines, Ckeen, DaB., Dieter Zoubek, Eriosw, Faxel, Gerd Fahrenhorst, Hadhuey, Hgrobe, Holger.Ellgaard, Hydro, JARU, Kam Solusar, Kanakari, Kandschwar, Krazykrizz, Lehnni, Leonce49, Lexx105, Lutheraner, Lyzzy, Martin-vogel, Michael Balzer, MichaelXXLF, Nolispanmo, Purodha, Rauenstein, Roland Kutzki, Schnatz, Sebastian Wallroth, Srbauer, Störfix, Summ, Superhappyboy, Sven-steffen arndt, VollwertBIT, WAH, WIKIFAN-UL, Wiegels, Windyboy2002, Wsombeck, €pa, 15 anonymous edits

Sandkrugbrücke *Source*: http://de.wikipedia.org/w/index.php?title=Sandkrugbr%C3%BCcke *Contributors*: 44Pinguine, A.Savin, Aka, BLueFiSH.as, Carport, DanielHerzberg, Definitiv, EWriter, Global Fish, HaSee, Hystrix, JWBE, KingLion, Kolossos, Morty, N8eule78, NEXT903125, Oliver S.Y., Pelz, Saehrimnir, Srittau, Video2005, 5 anonymous edits

Drehscheibe *Source*: http://de.wikipedia.org/w/index.php?title=Drehscheibe *Contributors*: Aka, Aktionsheld, Aloiswuest, Apalsola, Axpde, Bertll, Bobo11, Cccefalon, Dealerofsalvation, DerGraueWolf, Dieter Zoubek, Drwulf, DynaMoToR, Ephraim33, Fg68at, Firobuz, Florianlies, Frantisek, FritzG, GerdM, Head, HenningPietsch, Herbert Ortner, Herzi Pinki, JPW, Katanga, Kdwnv, Krje, Leinwand, Lord Koxinga, LosHawlos, Mark Nowiasz, Matt1971, Maxl, MichaelDiederich, Morty, Neun-x, Olaf1541, Priwo, Richtest, Robert Weemeyer, RobertD-sbg, RonMeier, Ronaldo, Rynacher, Röhrender Elch, Sam Gamdschie, Songkhla Railway, SonniWP, Stahlkocher, Timo Müller, Trg, UKGB, Vanellus, WHell, Wahlscheider, Waldersee, WikiMax, Wst.wiki, ZorkNika, 70 anonymous edits

Moltkebrücke *Source*: http://de.wikipedia.org/w/index.php?title=Moltkebr%C3%BCcke *Contributors*: 44Pinguine, A.Savin, Acroterion, Aka, Atamari, Axel.Mauruszat, Balumir, Beek100, Definitiv, EWriter, Eingangskontrolle, Eschenmoser, Goldi64, HaSee, Herr Lehrer, ich weiß was!, Labant, Lecartia, Matthiasb, Nicor, OTFW, Onkel Dittmeyer, PDD, Störfix, Triebtäter (2009), 5 anonymous edits

Platz_des_18._März *Source*: http://de.wikipedia.org/w/index.php?title=Platz_des_18._M%C3%A4rz *Contributors*: BLueFiSH.as, CalaveraB, Definitiv, Emmridet, Herr Lehrer, ich weiß was!, Martin1978, Okin, Platte, Rabax63, Reibeisen, Triebtäter, Umschattiger, 41 anonymous edits

Berliner_Zollmauer *Source*: http://de.wikipedia.org/w/index.php?title=Berliner_Zollmauer *Contributors*: .Mag, 44Pinguine, APPER, Alex1011, AnhaltER1960, Annika2, BLueFiSH.as, Berolina, Brick, Definitiv, Der Bischof mit der E-Gitarre, Ememaef, Emmridet, Este, Exxu, Goldi64, Guidod, Jcornelius, Jed, Kolossos, Langsamkommenlassen, Leuni, Lienhard Schulz, Lley, Nicor, Norbirt, ONAR, OTFW, PDD, Paul Ebermann, Platte, Polarlys, SJuergen, Saehrimnir, Saint Etienne, Schlesinger, Schorschski, Srittau, Suirenn, Svencb, UHT, 15 anonymous edits

Potsdamer_Tor *Source*: http://de.wikipedia.org/w/index.php?title=Potsdamer_Tor *Contributors*: Aka, BLueFiSH.as, Der Bischof mit der E-Gitarre, DynaMoToR, EWriter, Emmridet, ErikDunsing, FredericII, Guidod, Ikarus280, Jwnabd, Köhl1, Lley, Media lib, Orci, PDD, Pendethan, Robendo, SJuergen, Satyrios, Visitator, 4 anonymous edits

Askanischer_Platz *Source*: http://de.wikipedia.org/w/index.php?title=Askanischer_Platz *Contributors*: Conny, David Wintzer, Definitiv, Der.Traeumer, Emmridet, Goldi64, Herr Lehrer, ich weiß was!, Jonathan Stock, Jürgen Engel, Lienhard Schulz, MAY, Philipp66, Wahldresdner, 3 anonymous edits

Görlitzer_Bahnhof *Source*: http://de.wikipedia.org/w/index.php?title=G%C3%B6rlitzer_Bahnhof *Contributors*: 32X, A.Savin, Aka, Alabama-Germany, Alex1011, Antarktika, Antonin, Arne List, Assenmacher, BLueFiSH.as, Bassaar, Berolina, Blueser, Bmrberlin, Bobo11, ChristianBier, Cubex, Dbach, Decius, Definitiv, Diego Wegner, Emmridet, Eschweiler, Frantisek, Franz Richter, Gamgee, Georg Slickers, Gkittlaus, Global Fish, Guidod, Gödeke, H005, HPich, HaeB, Hofres, Holofernes, Horst, Hydro, Jared Preston, Jcornelius, Jorges, Jwnabd, KSchwarz, Kandschwar, Knochen, Kutte kennt sich aus, Leinwand, Lienhard Schulz, Limasign, Lorem ipsum, Ludger1961, MB-one, Magadan, Mazbln, Mef.ellingen, Mhp1255, Nicor, Otberg, PDD, Palü, Platte, Rio Bravo, Robert Weemeyer, Robert Will, Rybak, Saint Etienne, Sansculotte, Satyrios, Schusch, Sewa, Srittau, Supermartl, Tirelietirelei, Uwca, WHell, WilhelmRosendahl, Xyboi, 32 anonymous edits

Lokschuppen *Source*: http://de.wikipedia.org/w/index.php?title=Lokschuppen *Contributors*: Acky69, Anachron, Anhi, Björn Bornhöft, Carport, Dealerofsalvation, DorisAntony, Drahreg01, DynaMoToR, Engeser, Ephraim33, Faltenwolf, FloSch, Florentyna, G, Gunnar1m, HaSee, Hadhuey, Hufi, Hugo-cs, J Hazard, Jürg, Leider, Liesel, Liesels Sockenpuppe, LosHawlos, Mario todte, Matysik, Michael Bahls, MsChaos, Platte, Priwo, Px01, Quatro Valvole, Ralf Roletschek, Robert Weemeyer, Ronaldo, Rynacher, Sascha Claus, Satyrios, Superikonoskop, Taxiarchos228, Temporaer, Tobias b köhler, TomAlt, Trg, UW, Urmelbeauftragter, Wirdbald, 28 anonymous edits

Image Sources, Licenses and Contributors

Bild:Berliner Verbindungsbahn 1864.png *Source*: http://de.wikipedia.org/w/index.php?title=Datei:Berliner_Verbindungsbahn_1864.png *License*: unknown *Contributors*: Liesel, Yellowcard

Bild:Berlin Hamburger Bahnhof um 1850.jpg *Source*: http://de.wikipedia.org/w/index.php?title=Datei:Berlin_Hamburger_Bahnhof_um_1850.jpg *License*: unknown *Contributors*: Jcornelius, Mogelzahn, ONAR, Platte, Randbewohner, 2 anonymous edits

Bild:BlnVerbindungsb.jpg *Source*: http://de.wikipedia.org/w/index.php?title=Datei:BlnVerbindungsb.jpg *License*: unknown *Contributors*: Benutzer:Pyxlyst. Original uploader was Pyxlyst at de.wikipedia

Bild:Berlin Bau Hochbahn Luisenufer.jpg *Source*: http://de.wikipedia.org/w/index.php?title=Datei:Berlin_Bau_Hochbahn_Luisenufer.jpg *License*: unknown *Contributors*: AnRo0002, Beek100, BlackIceNRW, Jcornelius, ONAR, Rabenkind, Srittau

Bild:Preußische T3 1905.jpg *Source*: http://de.wikipedia.org/w/index.php?title=Datei:Preußische_T3_1905.jpg *License*: unknown *Contributors*: FritzG, Torsten Bätge

Datei:Frankfurt am Main Hauptbahnhof von oben.jpg *Source*: http://de.wikipedia.org/w/index.php?title=Datei:Frankfurt_am_Main_Hauptbahnhof_von_oben.jpg *License*: unknown *Contributors*: User:Raymond de

Datei:Schema-Bahnhöfe-vollständig.jpg *Source*: http://de.wikipedia.org/w/index.php?title=Datei:Schema-Bahnhöfe-vollständig.jpg *License*: unknown *Contributors*: eigenes Werk auf Basis von :Datei:Schema-Bahnhöfe.jpg von Benutzer:Bobo11. Original uploader was Nb at de.wikipedia

Datei:Stavba estakády Nové spojení.jpg *Source*: http://de.wikipedia.org/w/index.php?title=Datei:Stavba_estakády_Nové_spojení.jpg *License*: unknown *Contributors*: User:Egg

Datei:Train wreck at Montparnasse 1895.jpg *Source*: http://de.wikipedia.org/w/index.php?title=Datei:Train_wreck_at_Montparnasse_1895.jpg *License*: unknown *Contributors*: Studio Lévy and Sons (Studio Lévy & fils)

Datei:Kopfbahnhof, Luzern.jpg *Source*: http://de.wikipedia.org/w/index.php?title=Datei:Kopfbahnhof,_Luzern.jpg *License*: unknown *Contributors*: focus mankind. Original uploader was Focus mankind at de.wikipedia

Datei:Karte berlin ringbahn.png *Source*: http://de.wikipedia.org/w/index.php?title=Datei:Karte_berlin_ringbahn.png *License*: unknown *Contributors*: Beao, Chumwa, Dinamik, Jed, Sansculotte

Datei:Berliner Ringbahn1885.jpg *Source*: http://de.wikipedia.org/w/index.php?title=Datei:Berliner_Ringbahn1885.jpg *License*: unknown *Contributors*: Pyxlyst

Datei:Berlin Zentralviehhof Uebersicht.jpg *Source*: http://de.wikipedia.org/w/index.php?title=Datei:Berlin_Zentralviehhof_Uebersicht.jpg *License*: unknown *Contributors*: Herrmann Blankenstein

Datei:BahnhoefeSchoeneberg.jpg *Source*: http://de.wikipedia.org/w/index.php?title=Datei:BahnhoefeSchoeneberg.jpg *License*: unknown *Contributors*: Benutzer:Pyxlyst

Datei:Berlin- Bahnhof Westkreuz- Richtung Nord- S-Bahn Berlin DBAG-Baureihe 481 10.8.2009.jpg *Source*: http://de.wikipedia.org/w/index.php?title=Datei:Berlin-_Bahnhof_Westkreuz-_Richtung_Nord-_S-Bahn_Berlin_DBAG-Baureihe_481_10.8.2009.jpg *License*: unknown *Contributors*: User:Jivee Blau

Datei:1896 BusB Stettiner-Bahnhof.gif *Source*: http://de.wikipedia.org/w/index.php?title=Datei:1896_BusB_Stettiner-Bahnhof.gif *License*: unknown *Contributors*: Axel.Mauruszat, Beek100, Jcornelius

Datei:1875ca Stettiner-Bahnhof.jpg *Source*: http://de.wikipedia.org/w/index.php?title=Datei:1875ca_Stettiner-Bahnhof.jpg *License*: unknown *Contributors*: Apfel51, Axel.Mauruszat, Beek100, Jcornelius, Mogelzahn

Datei:1904 Stettiner-Bahnhof.jpg *Source*: http://de.wikipedia.org/w/index.php?title=Datei:1904_Stettiner-Bahnhof.jpg *License*: unknown *Contributors*: AnRo0002, Axel.Mauruszat, Beek100, BlackIceNRW, Jcornelius, Man vyi, Srittau

Datei:Bundesarchiv Bild 183-14409-0001, Berlin, Haupteingang zum Nordbahnhof.jpg *Source*: http://de.wikipedia.org/w/index.php?title=Datei:Bundesarchiv_Bild_183-14409-0001,_Berlin,_Haupteingang_zum_Nordbahnhof.jpg *License*: unknown *Contributors*: Junge, Peter Heinz

Datei:Bundesarchiv Bild 183-60726-0003, Berlin, Nordbahnhof, Ruine.jpg *Source*: http://de.wikipedia.org/w/index.php?title=Datei:Bundesarchiv_Bild_183-60726-0003,_Berlin,_Nordbahnhof,_Ruine.jpg *License*: unknown *Contributors*: Zastrow

Datei:Train station Berlin Stettiner Bahnhof.jpg *Source*: http://de.wikipedia.org/w/index.php?title=Datei:Train_station_Berlin_Stettiner_Bahnhof.jpg *License*: unknown *Contributors*: Dieter Brügmann (Bruhaha)

Datei:Berlin Nordbahnhof Bahnsteig O.JPG *Source*: http://de.wikipedia.org/w/index.php?title=Datei:Berlin_Nordbahnhof_Bahnsteig_O.JPG *License*: unknown *Contributors*: User:Bukk

Datei:Berlin, Mitte, Invalidenstrasse 20, S-Bahnhof Nordbahnhof.jpg *Source*: http://de.wikipedia.org/w/index.php?title=Datei:Berlin,_Mitte,_Invalidenstrasse_20,_S-Bahnhof_Nordbahnhof.jpg *License*: unknown *Contributors*: User:Beek100

Datei:Nordbahnhof_Nordseite.jpg *Source*: http://de.wikipedia.org/w/index.php?title=Datei:Nordbahnhof_Nordseite.jpg *License*: unknown *Contributors*: User:N-Lange.de

Datei:Stettiner Bahnhof.png *Source*: http://de.wikipedia.org/w/index.php?title=Datei:Stettiner_Bahnhof.png *License*: unknown *Contributors*: User:Kooij

Datei:Berlin S1.svg *Source*: http://de.wikipedia.org/w/index.php?title=Datei:Berlin_S1.svg *License*: unknown *Contributors*: User:NordNordWest

Datei:Berlin S2.svg *Source*: http://de.wikipedia.org/w/index.php?title=Datei:Berlin_S2.svg *License*: unknown *Contributors*: User:NordNordWest

Datei:Berlin S25.svg *Source*: http://de.wikipedia.org/w/index.php?title=Datei:Berlin_S25.svg *License*: unknown *Contributors*: User:NordNordWest

Datei:HambgBhf 1a.jpg *Source*: http://de.wikipedia.org/w/index.php?title=Datei:HambgBhf_1a.jpg *License*: unknown *Contributors*: AndreasPraefcke, Jcornelius, MB-one, Norro

Datei:Berlin Hamburger Bahnhof um 1850.jpg *Source*: http://de.wikipedia.org/w/index.php?title=Datei:Berlin_Hamburger_Bahnhof_um_1850.jpg *License*: unknown *Contributors*: Jcornelius, Mogelzahn, ONAR, Platte, Randbewohner, 2 anonymous edits

Datei:Lehrter Bahnhof1875.jpg *Source*: http://de.wikipedia.org/w/index.php?title=Datei:Lehrter_Bahnhof1875.jpg *License*: unknown *Contributors*: unknown (original uploader: unbekannt (erstmals hochgeladen von)

Datei:BerlinHamburgerBahnhof050728 P1030154.JPG *Source*: http://de.wikipedia.org/w/index.php?title=Datei:BerlinHamburgerBahnhof050728_P1030154.JPG *License*: unknown *Contributors*: User:JuergenG

Datei:Train station Berlin Potsdamer Platz.jpg *Source*: http://de.wikipedia.org/w/index.php?title=Datei:Train_station_Berlin_Potsdamer_Platz.jpg *License*: unknown *Contributors*: El Dirko

Datei:Train station Berlin Potsdamer Bahnhof.jpg *Source*: http://de.wikipedia.org/w/index.php?title=Datei:Train_station_Berlin_Potsdamer_Bahnhof.jpg *License*: unknown *Contributors*: C Schulin

Datei:Berlin Potsdamer Bahnhof um 1850.jpg *Source*: http://de.wikipedia.org/w/index.php?title=Datei:Berlin_Potsdamer_Bahnhof_um_1850.jpg *License*: unknown *Contributors*: AnRo0002, BlackIceNRW, Jcornelius, ONAR, 1 anonymous edits

Datei:Tunnelbauwerke am Potsdamer Platz.png *Source*: http://de.wikipedia.org/w/index.php?title=Datei:Tunnelbauwerke_am_Potsdamer_Platz.png *License*: unknown *Contributors*: User:Zuzien1

Datei:S Bahnhof Potsdamer Platz Berlin.jpg *Source*: http://de.wikipedia.org/w/index.php?title=Datei:S_Bahnhof_Potsdamer_Platz_Berlin.jpg *License*: unknown *Contributors*: User:Eisenacher

Datei:S-Bahn Berlin Potsdamer Platz.JPG *Source*: http://de.wikipedia.org/w/index.php?title=Datei:S-Bahn_Berlin_Potsdamer_Platz.JPG *License*: unknown *Contributors*: User:Jcornelius

Datei:Bundesarchiv Bild 183-G0717-0500-001, Berlin, Potsdamer Platz mit U-Bahn-Eingang.jpg *Source*: http://de.wikipedia.org/w/index.php?title=Datei:Bundesarchiv_Bild_183-G0717-0500-001,_Berlin,_Potsdamer_Platz_mit_U-Bahn-Eingang.jpg *License*: unknown *Contributors*: Cürlis, Peter

Datei:U-Bahn Berlin Potsdamer Platz.JPG *Source*: http://de.wikipedia.org/w/index.php?title=Datei:U-Bahn_Berlin_Potsdamer_Platz.JPG *License*: unknown *Contributors*: User:Jcornelius

Datei:U-Bahnhof Potsdamer Platz (2010).jpg *Source*: http://de.wikipedia.org/w/index.php?title=Datei:U-Bahnhof_Potsdamer_Platz_(2010).jpg *License*: unknown *Contributors*: User:Iotatau

Datei:Berlin U2.svg *Source*: http://de.wikipedia.org/w/index.php?title=Datei:Berlin_U2.svg *License*: unknown *Contributors*: User:NordNordWest

Datei:Anhalter Bahnhof und Askanischer Platz.jpg *Source*: http://de.wikipedia.org/w/index.php?title=Datei:Anhalter_Bahnhof_und_Askanischer_Platz.jpg *License*: unknown *Contributors*: AnRo0002, BLueFiSH.as, Beek100, Janericloebe, Jcornelius, Patstuart, Tohma

Datei:Berlin - Anhalter Bahnhof Suedfassade DBZ.jpg *Source*: http://de.wikipedia.org/w/index.php?title=Datei:Berlin_-_Anhalter_Bahnhof_Suedfassade_DBZ.jpg *License*: unknown *Contributors*: Franz Schwechten

Datei:Berlin Anhalter Bahnhof Bau der Halle Schwartz.jpg *Source*: http://de.wikipedia.org/w/index.php?title=Datei:Berlin_Anhalter_Bahnhof_Bau_der_Halle_Schwartz.jpg *License*: unknown *Contributors*: Albert Schwartz (1836 - 1906)

Datei:Anhalter.jpg *Source*: http://de.wikipedia.org/w/index.php?title=Datei:Anhalter.jpg *License*: unknown *Contributors*: Hermman Rückwardt

Datei:Anhalter-Bahnhof Gedenkstele.jpg *Source*: http://de.wikipedia.org/w/index.php?title=Datei:Anhalter-Bahnhof_Gedenkstele.jpg *License*: unknown *Contributors*: Axel Mauruszat

Datei:Bundesarchiv B 145 Bild-P054491, Berlin, Ruine des Anhalter Bahnhofes.jpg *Source*: http://de.wikipedia.org/w/index.php?title=Datei:Bundesarchiv_B_145_Bild-P054491,_Berlin,_Ruine_des_Anhalter_Bahnhofes.jpg *License*: unknown *Contributors*: Weinrother, Carl

Datei:Anhalter Bahnhof 2005.jpg *Source*: http://de.wikipedia.org/w/index.php?title=Datei:Anhalter_Bahnhof_2005.jpg *License*: unknown *Contributors*: Tonythepixel

Datei:Anhalter von hinten.JPG *Source*: http://de.wikipedia.org/w/index.php?title=Datei:Anhalter_von_hinten.JPG *License*: unknown *Contributors*: User:Trg

Datei:Bundesarchiv B 145 Bild-F003102-0006, Berlin, Anhalter Bahnhof.jpg *Source*: http://de.wikipedia.org/w/index.php?title=Datei:Bundesarchiv_B_145_Bild-F003102-0006,_Berlin,_Anhalter_Bahnhof.jpg *License*: unknown *Contributors*: Brodde

Datei:Bundesarchiv B 145 Bild-F003102-0010, Berlin, Anhalter Bahnhof.jpg *Source*: http://de.wikipedia.org/w/index.php?title=Datei:Bundesarchiv_B_145_Bild-F003102-0010,_Berlin,_Anhalter_Bahnhof.jpg *License*: unknown *Contributors*: Brodde

Datei:Anhalter-Bahnhof-Figuren.jpg *Source*: http://de.wikipedia.org/w/index.php?title=Datei:Anhalter-Bahnhof-Figuren.jpg *License*: unknown *Contributors*: Thomas Hermes

Datei:Anhalter Bahnhof Platform Remains 2005.jpg *Source*: http://de.wikipedia.org/w/index.php?title=Datei:Anhalter_Bahnhof_Platform_Remains_2005.jpg *License*: unknown *Contributors*: Väsk, Xyboi

Datei:Berlin Bruecke Landwehrkanal Hoch und Anhalter Bahn.jpg *Source*: http://de.wikipedia.org/w/index.php?title=Datei:Berlin_Bruecke_Landwehrkanal_Hoch_und_Anhalter_Bahn.jpg *License*: unknown *Contributors*: unkown

Datei:DTMB Modell Anhalter Bf.jpg *Source*: http://de.wikipedia.org/w/index.php?title=Datei:DTMB_Modell_Anhalter_Bf.jpg *License*: unknown *Contributors*: Thomas Hermes

Datei:Bf-b-anhalterbf.jpg *Source*: http://de.wikipedia.org/w/index.php?title=Datei:Bf-b-anhalterbf.jpg *License*: unknown *Contributors*: A.Savin

Datei:Berlin- Anhalter Bahnhof- Richtung Nord- S-Bahn Berlin DBAG-Baureihe 481 8.8.2010.jpg *Source*: http://de.wikipedia.org/w/index.php?title=Datei:Berlin-_Anhalter_Bahnhof-_Richtung_Nord-_S-Bahn_Berlin_DBAG-Baureihe_481_8.8.2010.jpg *License*: unknown *Contributors*: User:Jivee Blau

Datei:Berlin Anhalter Gueterbahnhof Entwurf Schwechten.jpg *Source*: http://de.wikipedia.org/w/index.php?title=Datei:Berlin_Anhalter_Gueterbahnhof_Entwurf_Schwechten.jpg *License*: unknown *Contributors*: Franz Schwechten

Datei:Berlin Anhalter Bahnhof - elevation good station, today Spectrum 1.jpg *Source*: http://de.wikipedia.org/w/index.php?title=Datei:Berlin_Anhalter_Bahnhof_-_elevation_good_station,_today_Spectrum_1.jpg *License*: unknown *Contributors*: BLueFiSH.as, Jmabel, Ronaldino, Väsk

Datei:KglWestEB.jpg *Source*: http://de.wikipedia.org/w/index.php?title=Datei:KglWestEB.jpg *License*: unknown *Contributors*: User:Pyxlyst

Datei:Coat of arms of Berlin.svg *Source*: http://de.wikipedia.org/w/index.php?title=Datei:Coat_of_arms_of_Berlin.svg *License*: unknown *Contributors*: Wappenentwurf: diese Datei: Jwnabd

Datei:Berlin Markthalle VI Seitenfassade Invalidenstrasse.jpg *Source*: http://de.wikipedia.org/w/index.php?title=Datei:Berlin_Markthalle_VI_Seitenfassade_Invalidenstrasse.jpg *License*: unknown *Contributors*: Photo: Andreas Praefcke

Datei:Bundesarchiv Bild 183-1989-1110-041, Berlin, Grenzübergang Invalidenstraße.jpg *Source*: http://de.wikipedia.org/w/index.php?title=Datei:Bundesarchiv_Bild_183-1989-1110-041,_Berlin,_Grenzübergang_Invalidenstraße.jpg *License*: unknown *Contributors*: Hirschberger, Ralph

Datei:Strassenbahn Invalidenstrasse.jpg *Source*: http://de.wikipedia.org/w/index.php?title=Datei:Strassenbahn_Invalidenstrasse.jpg *License*: unknown *Contributors*: User:Stevy76

Datei:Berlin-Spandauer Schifffahrtskanal, Schiff bei Kanaleinfahrt.jpg *Source*: http://de.wikipedia.org/w/index.php?title=Datei:Berlin-Spandauer_Schifffahrtskanal,_Schiff_bei_Kanaleinfahrt.jpg *License*: unknown *Contributors*: User:Beek100

Datei:Berlinspandauerkanal.jpg *Source*: http://de.wikipedia.org/w/index.php?title=Datei:Berlinspandauerkanal.jpg *License*: unknown *Contributors*: A.Savin

Datei:Promenade Berlin-Spandauer-Schifffahrtskanal.jpg *Source*: http://de.wikipedia.org/w/index.php?title=Datei:Promenade_Berlin-Spandauer-Schifffahrtskanal.jpg *License*: unknown *Contributors*: Benutzer:H. Michael Stahl

Datei:Berlin Nordufer Westhafen.jpg *Source*: http://de.wikipedia.org/w/index.php?title=Datei:Berlin_Nordufer_Westhafen.jpg *License*: unknown *Contributors*: User:DorisAntony

Datei:Nordhafenbrücke.jpg *Source*: http://de.wikipedia.org/w/index.php?title=Datei:Nordhafenbrücke.jpg *License*: unknown *Contributors*: Kanakari at de.wikipedia

Datei:MovableBridge swing.gif *Source*: http://de.wikipedia.org/w/index.php?title=Datei:MovableBridge_swing.gif *License*: unknown *Contributors*: User:Y_tambe

Datei:Drehbruecke Lissabon.JPG *Source*: http://de.wikipedia.org/w/index.php?title=Datei:Drehbruecke_Lissabon.JPG *License*: unknown *Contributors*: Kanakari

Bild:New york new haven and hartford railroad mystic river bridge closed.jpg *Source*: http://de.wikipedia.org/w/index.php?title=Datei:New_york_new_haven_and_hartford_railroad_mystic_river_bridge_closed.jpg *License*: unknown *Contributors*: William Edmond Barrett

Bild:New york new haven and hartford railroad mystic river bridge open.jpg *Source*: http://de.wikipedia.org/w/index.php?title=Datei:New_york_new_haven_and_hartford_railroad_mystic_river_bridge_open.jpg *License*: unknown *Contributors*: William Edmond Barrett

Bild:Kw bruecke.jpg *Source*: http://de.wikipedia.org/w/index.php?title=Datei:Kw_bruecke.jpg *License*: unknown *Contributors*: Benutzer:Strandbalu

Bild:Ponte_Girevole_(Tarent).jpg *Source*: http://de.wikipedia.org/w/index.php?title=Datei:Ponte_Girevole_(Tarent).jpg *License*: unknown *Contributors*: User:Asia

Bild:Drehbrücke EVK.JPG *Source*: http://de.wikipedia.org/w/index.php?title=Datei:Drehbrücke_EVK.JPG *License*: unknown *Contributors*: User:Wsombeck

Bild:Drehbruecke_Rheinauhafen_Koeln2007.jpg *Source*: http://de.wikipedia.org/w/index.php?title=Datei:Drehbruecke_Rheinauhafen_Koeln2007.jpg *License*: unknown *Contributors*: User:VollwertBIT

Bild:Loetz2.jpg *Source*: http://de.wikipedia.org/w/index.php?title=Datei:Loetz2.jpg *License*: unknown *Contributors*: -

Bild:Yazoo.jpg *Source*: http://de.wikipedia.org/w/index.php?title=Datei:Yazoo.jpg *License*: unknown *Contributors*: Angelika Lindner

Datei:Bridge0-harbour-bhv_hg.jpg *Source*: http://de.wikipedia.org/w/index.php?title=Datei:Bridge0-harbour-bhv_hg.jpg *License*: unknown *Contributors*: User:Hgrobe

Datei:Bridge1-harbour-bhv_hg.jpg *Source*: http://de.wikipedia.org/w/index.php?title=Datei:Bridge1-harbour-bhv_hg.jpg *License*: unknown *Contributors*: User:Hgrobe

Datei:Bridge2-harbour-bhv_hg.jpg *Source*: http://de.wikipedia.org/w/index.php?title=Datei:Bridge2-harbour-bhv_hg.jpg *License*: unknown *Contributors*: User:Hgrobe

Datei:Bridge3-harbour-bhv_hg.jpg *Source*: http://de.wikipedia.org/w/index.php?title=Datei:Bridge3-harbour-bhv_hg.jpg *License*: unknown *Contributors*: User:Hgrobe

Datei:El Ferdan Railway Bridge.jpg *Source*: http://de.wikipedia.org/w/index.php?title=Datei:El_Ferdan_Railway_Bridge.jpg *License*: unknown *Contributors*: User:H Nawara

Bild:Berlin7 Spandauer Schifffahrtskanal.JPG *Source*: http://de.wikipedia.org/w/index.php?title=Datei:Berlin7_Spandauer_Schifffahrtskanal.JPG *License*: unknown *Contributors*: User:Lienhard Schulz

Datei:Berlin location map.svg *Source*: http://de.wikipedia.org/w/index.php?title=Datei:Berlin_location_map.svg *License*: unknown *Contributors*: User:TUBS

Datei:Invalidenstraße 2008 09.JPG *Source*: http://de.wikipedia.org/w/index.php?title=Datei:Invalidenstraße_2008_09.JPG *License*: unknown *Contributors*: User:Werneuchen

Datei:Gedenktafel Sandkrugbrücke (Moab) Günter Litfin.JPG *Source*: http://de.wikipedia.org/w/index.php?title=Datei:Gedenktafel_Sandkrugbrücke_(Moab)_Günter_Litfin.JPG *License*: unknown *Contributors*: User:OTFW

Datei:Locomotive_BR52-8177-9.jpg *Source*: http://de.wikipedia.org/w/index.php?title=Datei:Locomotive_BR52-8177-9.jpg *License*: unknown *Contributors*: Duncharris, DynaMoToR, Kneiphof, MarkusHagenlocher, Morio, Olaf1541, Pibwl, Railwayfan2005, Sandmann4u, Torsten Bätge

Datei:Ringlokschuppen-01.jpg *Source*: http://de.wikipedia.org/w/index.php?title=Datei:Ringlokschuppen-01.jpg *License*: unknown *Contributors*: User:Priwo

Datei:Murtalbahn Bh1 Tamsweg.jpg *Source*: http://de.wikipedia.org/w/index.php?title=Datei:Murtalbahn_Bh1_Tamsweg.jpg *License*: unknown *Contributors*: Herbert Ortner, Vienna, Austria

Datei:San Francisco Cable Car Turntable.jpg *Source*: http://de.wikipedia.org/w/index.php?title=Datei:San_Francisco_Cable_Car_Turntable.jpg *License*: unknown *Contributors*: Fred Hsu (on en.wikipedia)

Datei:2007 10 Berninabahn 041080.jpg *Source*: http://de.wikipedia.org/w/index.php?title=Datei:2007_10_Berninabahn_041080.jpg *License*: unknown *Contributors*: User:Lord Koxinga

Datei:SabahStateRailway-StationPapar04.jpg *Source*: http://de.wikipedia.org/w/index.php?title=Datei:SabahStateRailway-StationPapar04.jpg *License*: unknown *Contributors*: User:Cccefalon

Datei:Busdrehscheibe00-Schloss_Burg-110105.jpg *Source*: http://de.wikipedia.org/w/index.php?title=Datei:Busdrehscheibe00-Schloss_Burg-110105.jpg *License*: unknown *Contributors*: User:Christian Lindecke

Datei:webmotion1-2-.gif *Source*: http://de.wikipedia.org/w/index.php?title=Datei:Webmotion1-2-.gif *License*: unknown *Contributors*: User:Alanbkahn

Datei:Franzensfeste — Lokschuppen mit Drehscheibe.jpg *Source*: http://de.wikipedia.org/w/index.php?title=Datei:Franzensfeste_—_Lokschuppen_mit_Drehscheibe.jpg *License*: unknown *Contributors*: -

Bild:Moltkebrücke vor Berliner Hauptbahnhof.jpg *Source*: http://de.wikipedia.org/w/index.php?title=Datei:Moltkebrücke_vor_Berliner_Hauptbahnhof.jpg *License*: unknown *Contributors*: User:Beek100

Datei:Moltkebrücke Moabit 1889.jpg *Source*: http://de.wikipedia.org/w/index.php?title=Datei:Moltkebrücke_Moabit_1889.jpg *License*: unknown *Contributors*: AndreasPraefcke, BlackIceNRW, Lotse, PDD

Datei:Berlin Moltkebruecke 1900.jpg *Source*: http://de.wikipedia.org/w/index.php?title=Datei:Berlin_Moltkebruecke_1900.jpg *License*: unknown *Contributors*: AndreasPraefcke, BLueFiSH.as, Kurpfalzbilder.de, Lecartia, ONAR

Datei:Moltkebrücke Berlin mit Gedenktafel.jpg *Source*: http://de.wikipedia.org/w/index.php?title=Datei:Moltkebrücke_Berlin_mit_Gedenktafel.jpg *License*: unknown *Contributors*: User:Beek100

Datei:Berlin Moltkebridge Moltke.jpg *Source*: http://de.wikipedia.org/w/index.php?title=Datei:Berlin_Moltkebridge_Moltke.jpg *License*: unknown *Contributors*: Arnold Paul

Datei:Moltkebrücke, Greif am nordöstlichen Balustradenende.jpg *Source*: http://de.wikipedia.org/w/index.php?title=Datei:Moltkebrücke,_Greif_am_nordöstlichen_Balustradenende.jpg *License*: unknown *Contributors*: User:Beek100

Datei:Berlin-brandenburg-gate.jpg *Source*: http://de.wikipedia.org/w/index.php?title=Datei:Berlin-brandenburg-gate.jpg *License*: unknown *Contributors*: djmutex

Datei:BrandenburgerTorDezember1989.jpg *Source*: http://de.wikipedia.org/w/index.php?title=Datei:BrandenburgerTorDezember1989.jpg *License*: unknown *Contributors*: 20percent, Beek100, Ben-nb, Common Good, Grandy02, Ies, MB-one, Man vyi, Polarlys, Srittau, 2 anonymous edits

Datei:Sign.Platz des 18. März.Berlin .JPG *Source*: http://de.wikipedia.org/w/index.php?title=Datei:Sign.Platz_des_18._März.Berlin_.JPG *License*: unknown *Contributors*: User:De-okin

Datei:Karte berlin akzisemauer.png *Source*: http://de.wikipedia.org/w/index.php?title=Datei:Karte_berlin_akzisemauer.png *License*: unknown *Contributors*: Beek100, BlackIceNRW, Bohème, Erik Warmelink, Fallschirmjäger, Jcornelius, Jed, Joey-das-WBF, Ludger1961, MB-one, Sansculotte, Sebastian Wallroth

Datei:Gedenktafel Stresemannstr 64 (Kreuzb) Berliner Zollmauer.JPG *Source*: http://de.wikipedia.org/w/index.php?title=Datei:Gedenktafel_Stresemannstr_64_(Kreuzb)_Berliner_Zollmauer.JPG *License*: unknown *Contributors*: User:OTFW

Datei:Berliner Akzisemauer.jpg *Source*: http://de.wikipedia.org/w/index.php?title=Datei:Berliner_Akzisemauer.jpg *License*: unknown *Contributors*: Schlesinger

Datei:Brandenburger-Tor-1735-Daniel-Chodowiecki-1764.jpg *Source*: http://de.wikipedia.org/w/index.php?title=Datei:Brandenburger-Tor-1735-Daniel-Chodowiecki-1764.jpg *License*: unknown *Contributors*: AndreasPraefcke, BLueFiSH.as, Bdk, Beek100, BlackIceNRW, Chris 73, Lotse, Srittau, Thomas7, Wojsyl

Datei:Berlin Leipziger Tor 1800.jpg *Source*: http://de.wikipedia.org/w/index.php?title=Datei:Berlin_Leipziger_Tor_1800.jpg *License*: unknown *Contributors*: AnRo0002, BLueFiSH.as, ONAR, 1 anonymous edits

Datei:Berlin Rosenthaler Tor 1800.jpg *Source*: http://de.wikipedia.org/w/index.php?title=Datei:Berlin_Rosenthaler_Tor_1800.jpg *License*: unknown *Contributors*: Gryffindor, ONAR

Datei:Potsdamer-Tor-1800.jpg *Source*: http://de.wikipedia.org/w/index.php?title=Datei:Potsdamer-Tor-1800.jpg *License*: unknown *Contributors*: Der Bischof mit der E-Gitarre

Datei:Berlin Potsdamer Tor 1820.jpg *Source*: http://de.wikipedia.org/w/index.php?title=Datei:Berlin_Potsdamer_Tor_1820.jpg *License*: unknown *Contributors*: AnRo0002, Jwnabd, Kurpfalzbilder.de

Datei:Berlin Leipziger Tor Friedrich Schinkel AE 60.jpg *Source*: http://de.wikipedia.org/w/index.php?title=Datei:Berlin_Leipziger_Tor_Friedrich_Schinkel_AE_60.jpg *License*: unknown *Contributors*: AnRo0002, ArthurMcGill, BLueFiSH.as, ONAR

Datei:Berlin - Leipziger Platz, 1900.jpg *Source*: http://de.wikipedia.org/w/index.php?title=Datei:Berlin_-_Leipziger_Platz,_1900.jpg *License*: unknown *Contributors*: AnRo0002, Axel.Mauruszat, BLueFiSH.as, Gryffindor, MB-one

Datei:Train station Berlin Goerlitzer Bahnhof.jpg *Source*: http://de.wikipedia.org/w/index.php?title=Datei:Train_station_Berlin_Goerlitzer_Bahnhof.jpg *License*: unknown *Contributors*: AnRo0002, BLueFiSH.as, Beek100, Jcornelius, MB-one, Mike.lifeguard, Platte, Polarlys, Srittau, Zscout370, 1 anonymous edits

Datei:Goerli1872-WEB.jpg *Source*: http://de.wikipedia.org/w/index.php?title=Datei:Goerli1872-WEB.jpg *License*: unknown *Contributors*: Original uploader was StanleyIrwell at en.wikipedia

Datei:Karte Lohmühleninsel Berlin.JPG *Source*: http://de.wikipedia.org/w/index.php?title=Datei:Karte_Lohmühleninsel_Berlin.JPG *License*: unknown *Contributors*: User:Necrophorus

Datei:Berlin-kreuzberg goerlitzer-park 20050923 539.jpg *Source*: http://de.wikipedia.org/w/index.php?title=Datei:Berlin-kreuzberg_goerlitzer-park_20050923_539.jpg *License*: unknown *Contributors*: User:Georg Slickers

Datei:Locomotive BR52-8177-9.jpg *Source*: http://de.wikipedia.org/w/index.php?title=Datei:Locomotive_BR52-8177-9.jpg *License*: unknown *Contributors*: Duncharris, DynaMoToR, Kneiphof, MarkusHagenlocher, Morio, Olaf1541, Pibwl, Railwayfan2005, Sandmann4u, Torsten Bätge

Datei:Lokschuppen2.jpg *Source*: http://de.wikipedia.org/w/index.php?title=Datei:Lokschuppen2.jpg *License*: unknown *Contributors*: User:Dr. Alexander Mayer

Datei:Pankow Lokschuppen.jpg *Source*: http://de.wikipedia.org/w/index.php?title=Datei:Pankow_Lokschuppen.jpg *License*: unknown *Contributors*: User:DorisAntony

Datei:Locomotives-Roundhouse2.jpg *Source*: http://de.wikipedia.org/w/index.php?title=Datei:Locomotives-Roundhouse2.jpg *License*: unknown *Contributors*: Aavindraa, Ainali, Berrucomons, Calliopejen, Diligent, Durova, Freedom Wizard, Herald Alberich, Hgrobe, Iain Bell, Infrogmation, Jklamo, Kozuch, Kuvaly, Mahlum, Mattia Luigi Nappi, MichaelMaggs, Mywood, Rocket000, Simonizer, Slambo, Thierry Caro

Printed by Books on Demand GmbH, Norderstedt / Germany